高等学校经济管理类专业
应用型本科系列规划教材

GAODENG XUEXIAO JINGJI GUANLILEI ZHUANYE
YINGYONGXING BENKE XILIE GUIHUA JIAOCAI

微积分学习指导教程

WEIJIFEN XUEXI
ZHIDAO JIAOCHENG

主　编　艾艺红　殷　羽

副主编　徐文华　徐畅凯　田秀霞　葛　杨

Economics and management

U0322228

重庆大学出版社

内容提要

为方便读者使用由重庆大学出版社出版的《微积分》教材,学好大学数学,作者团队编写了与该教材同步配套的"学习指导教程"。该教辅书籍根据教材顺序编排了相应的学习辅导内容,其中每一章节的设计中包括了该章的内容提要、学习重难点、典型例题分析、本章自测题、自测题题解以及对应教材 B 组题的详细解答。上述设计有助于读者在课后自主研读时通过教辅书更好更快地掌握所学知识,在较短时间内取得好成绩。

图书在版编目(CIP)数据

微积分学习指导教程/艾艺红,殷羽主编.—重庆:
重庆大学出版社,2015.8(2022.7 重印)
高等学校经济管理类专业应用型本科系列规划教材
ISBN 978-7-5624-9148-4

Ⅰ.①微…　Ⅱ.①艾…②殷…　Ⅲ.①微积分—高等
学校—教学参考资料　Ⅳ.①O172

中国版本图书馆 CIP 数据核字(2015)第 169841 号

高等学校经济管理类专业应用型本科系列规划教材

微积分学习指导教程

主　编　艾艺红　殷　羽
副主编　徐文华　徐畅凯
　　　　田秀霞　葛　杨
策划编辑:顾丽萍

责任编辑:李定群　　版式设计:顾丽萍
责任校对:关德强　　责任印制:张　策

*

重庆大学出版社出版发行
出版人:饶帮华
社址:重庆市沙坪坝区大学城西路 21 号
邮编:401331
电话:(023) 88617190　88617185(中小学)
传真:(023) 88617186　88617166
网址:http://www.cqup.com.cn
邮箱:fxk@cqup.com.cn(营销中心)
全国新华书店经销
重庆俊蒲印务有限公司印刷

*

开本:787mm×1092mm　1/16　印张:9　字数:192 千
2015 年 8 月第 1 版　2022 年 7 月第 8 次印刷
印数:16 001—18 000
ISBN 978-7-5624-9148-4　定价:23.00 元

前　言

大学数学是自然科学的基本语言,是应用模式探索显示世界物质运动机理的主要手段。

为方便读者使用由重庆大学出版社出版的《微积分》教材,学好大学数学,作者团队编写了与该教材同步配套的"学习指导教程"。该教辅书籍根据教材顺序编排了相应的学习辅导内容,其中每一章节的设计中包括了该章的**内容提要、学习重难点、典型例题分析、本章自测题、自测题题解**以及对应教材 **B 组题的详细解答**。上述设计有助于读者在课后自主研读时通过教辅书更好更快地掌握所学知识,在较短时间内取得好成绩。

做习题是学好基础课的一个重要环节,通过习题了解课程内容和要求,巩固并提高对课程的理解,得到多方面的训练。和其他课程一样,微积分解题的方法也是多种多样的,书中的算法及证明只是提供读者参考,希望读者能认真学习教材,掌握基本理论及算法,通过独立思考,自己做出习题。

参加本书编写的有艾艺红、殷羽、丁德志、徐畅凯、徐文华、唐建民、吴海洋、李文学、葛杨、田秀霞、王春秀和陈朝舜等。

希望本书能对读者有所帮助,并诚恳地希望读者对本书提出宝贵意见,以便进一步改进。

编　者

2015 年 4 月 16 日

Contents

目 录

第1章

函　数

一、内容提要

定义: $\forall x \in D \xrightarrow{f}$ 唯一确定 $y = f(x) \in Z$:两个非空集合 D(定义域)Z(值域)之间的单值对应法则 f

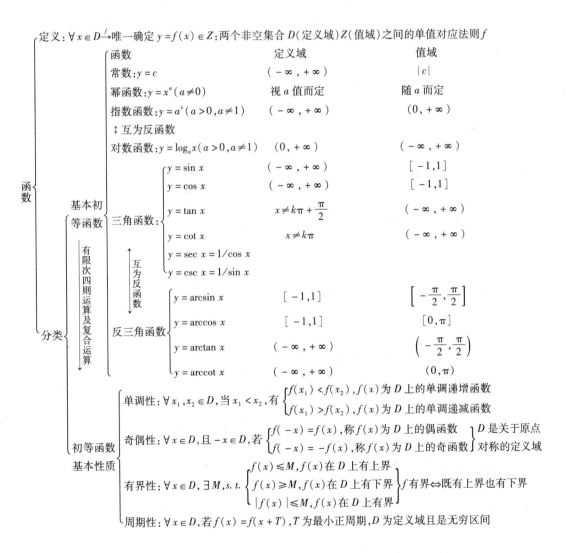

函数	定义域	值域
常数: $y = c$	$(-\infty, +\infty)$	$\{c\}$
幂函数: $y = x^a (a \neq 0)$	视 a 值而定	随 a 而定
指数函数: $y = a^x (a > 0, a \neq 1)$	$(-\infty, +\infty)$	$(0, +\infty)$
$\updownarrow$ 互为反函数		
对数函数: $y = \log_a x (a > 0, a \neq 1)$	$(0, +\infty)$	$(-\infty, +\infty)$

三角函数:
$y = \sin x$	$(-\infty, +\infty)$	$[-1, 1]$
$y = \cos x$	$(-\infty, +\infty)$	$[-1, 1]$
$y = \tan x$	$x \neq k\pi + \dfrac{\pi}{2}$	$(-\infty, +\infty)$
$y = \cot x$	$x \neq k\pi$	$(-\infty, +\infty)$
$y = \sec x = 1/\cos x$		
$y = \csc x = 1/\sin x$		

反三角函数:
$y = \arcsin x$	$[-1, 1]$	$\left[-\dfrac{\pi}{2}, \dfrac{\pi}{2}\right]$
$y = \arccos x$	$[-1, 1]$	$[0, \pi]$
$y = \arctan x$	$(-\infty, +\infty)$	$\left(-\dfrac{\pi}{2}, \dfrac{\pi}{2}\right)$
$y = \operatorname{arccot} x$	$(-\infty, +\infty)$	$(0, \pi)$

单调性: $\forall x_1, x_2 \in D$,当 $x_1 < x_2$,有 $\begin{cases} f(x_1) < f(x_2), f(x) \text{为 } D \text{ 上的单调递增函数} \\ f(x_1) > f(x_2), f(x) \text{为 } D \text{ 上的单调递减函数} \end{cases}$

奇偶性: $\forall x \in D$,且 $-x \in D$,若 $\begin{cases} f(-x) = f(x), \text{称 } f(x) \text{ 为 } D \text{ 上的偶函数} \\ f(-x) = -f(x), \text{称 } f(x) \text{ 为 } D \text{ 上的奇函数} \end{cases} \left.\begin{array}{l} \\ \end{array}\right\} \begin{array}{l} D \text{ 是关于原点} \\ \text{对称的定义域} \end{array}$

有界性: $\forall x \in D, \exists M, s.t. \begin{cases} f(x) \leq M, f(x) \text{在 } D \text{ 上有上界} \\ f(x) \geq M, f(x) \text{在 } D \text{ 上有下界} \\ |f(x)| \leq M, f(x) \text{在 } D \text{ 上有界} \end{cases} \left.\begin{array}{l} \\ \\ \end{array}\right\} f \text{有界} \Leftrightarrow \text{既有上界也有下界}$

周期性: $\forall x \in D$,若 $f(x) = f(x+T)$, T 为最小正周期,D 为定义域且是无穷区间

表 1.1　经济学中的几个常见函数及关系

	成　本	收　益	利　润
函数	$C = C_{固} + C_{变}$	$R = PQ$	$L = R - C$
平均函数	$\overline{C} = \dfrac{C}{Q}$	$\overline{R} = \dfrac{R}{Q} = p$	$\overline{L} = \dfrac{L}{Q}$
边际函数	C'_Q	R'_Q	L'_Q

注：1. 设需求函数为 $Q = f(p)$，其中 p 表示价格，Q 表示需求量、产量、销售量.

2. 边际函数的定义见第 4 章.

二、学习重难点

1. 理解实数与实数绝对值的概念，掌握解简单绝对值不等式的方法.

2. 理解函数、函数的定义域和值域等概念，熟悉函数的表示法.

3. 了解函数的几何特性，并掌握各几何特性的图形特征.

4. 了解反函数的概念；知道函数与其反函数的几何关系；给定函数会求其反函数.

5. 理解复合函数的概念；了解两个（或多个）函数构成复合函数的条件；掌握将一个复合函数分解为较简单函数的方法.

6. 理解基本初等函数及其定义域、值域等概念；掌握基本初等函数的基本性质.

7. 理解初等函数的概念；了解分段函数的概念.

8. 会建立简单应用问题的函数关系式.

三、典型例题解析

【例 1.1】　函数 $y = \dfrac{1}{\sqrt{3-x}} + \arcsin \dfrac{3-2x}{5}$ 的定义域为_____.

解　由题意得

$$\begin{cases} 3-x > 0 \\ -1 \leqslant \dfrac{3-2x}{5} \leqslant 1 \end{cases} \Rightarrow \begin{cases} x < 3 \\ -1 \leqslant x \leqslant 4 \end{cases} \Rightarrow -1 \leqslant x < 3$$

故定义域为 $[-1, 3)$.

【例 1.2】　若函数 $f(x)$ 的定义域为 $[1, 2]$，则 $f\left(\dfrac{1}{x+1}\right)$ 的定义域为_____；

函数 $f\left(x - \dfrac{1}{4}\right) + f\left(x + \dfrac{1}{4}\right)$ 的定义域为_____.

解　由题意得，$1 \leqslant \dfrac{1}{x+1} \leqslant 2 \Rightarrow \dfrac{1}{2} \leqslant x+1 \leqslant 1 \Rightarrow -\dfrac{1}{2} \leqslant x \leqslant 0$

故 $f\left(\dfrac{1}{x+1}\right)$ 的定义域为 $\left[-\dfrac{1}{2}, 0\right]$.

又由 $\begin{cases} 1 \leqslant x - \dfrac{1}{4} \leqslant 2 \\ 1 \leqslant x + \dfrac{1}{4} \leqslant 2 \end{cases} \Rightarrow \begin{cases} \dfrac{5}{4} \leqslant x \leqslant \dfrac{9}{4} \\ \dfrac{3}{4} \leqslant x \leqslant \dfrac{7}{4} \end{cases} \Rightarrow \dfrac{5}{4} \leqslant x \leqslant \dfrac{7}{4}$

故 $f\left(x-\dfrac{1}{4}\right)+f\left(x+\dfrac{1}{4}\right)$ 的定义域为 $\left[\dfrac{5}{4},\dfrac{7}{4}\right]$.

【例 1.3】 设 $f(x-1)=x^2+2x+1$,则 $f(x)=$ _____.

解 方法 1:(做变量替换)令 $x-1=t$,则

$$x=t+1$$

故

$$f(x-1)=f(t)=(t+1)^2+2(t+1)+1=t^2+4t+4$$

故

$$f(x)=x^2+4x+4$$

方法 2:(等式右边凑关于 $x-1$ 的表达式)

$$f(x-1)=(x-1)^2+4x=(x-1)^2+4(x-1)+4$$

故

$$f(x)=x^2+4x+4$$

【例 1.4】 设 $f(x)=x^2$,$f[\varphi(x)]=2^{2x}$,则函数 $\varphi(x)=$ _____.

解 因 $f(x)=x^2$

故

$$f[\varphi(x)]=[\varphi(x)]^2=2^{2x}=(2^x)^2$$

故

$$\varphi(x)=2^x$$

【例 1.5】 设 $f(x)=\begin{cases}1 & |x|<1\\0 & |x|\geqslant 1\end{cases}$,则 $f\{f[f(x)]\}=$ _____.

解 当 $|x|<1$ 时,$f(x)=1$,此时 $|f(x)|\geqslant 1$,则

$$f[f(x)]=0$$

同理,则

$$f\{f[f(x)]\}=1$$

同理,当 $|x|\geqslant 1$ 时,则

$$f(x)=0,f[f(x)]=1,f\{f[f(x)]\}=0$$

综上,故

$$f\{f[f(x)]\}=\begin{cases}1 & |x|<1\\0 & |x|\geqslant 1\end{cases}$$

【例 1.6】 函数 $y=\sin\dfrac{1}{x}$ 在其定义域内是_____.

A.周期函数　　　　B.单调函数　　　　C.偶函数　　　　D.有界函数

解 由于 $\left|\sin\dfrac{1}{x}\right|\leqslant 1$,故 $y=\sin\dfrac{1}{x}$ 在其定义域内是有界函数. 故选 D.

【例 1.7】 某种产品每台售价 90 元,成本 60 元,若顾客一次购买 100 台以上,则实行降价,降价方法为:当一次性销售量 $x>100$ 时,所买的全部产品降价 $\dfrac{x-100}{100}$(元/台),但最低价为 75 元/台.

(1)试将每台的实际销售价 p 表示为销售量 x 的函数;

(2)把利润 L 表示成一次性销售量 x 的函数;

(3)当一次性销售量为 1 000 台时,厂家可获多少利润?

解 (1)由题意得,当 $x \leq 100$ 时,实际售价为

$$p = 90 \, \text{元／台}$$

当 $x > 100$ 时,实际售价为

$$p = [90 - (x - 100) \times 0.01] = -0.01x + 91 (\text{元／台})$$

另一方面,由 $-0.01x + 91 \geq 75$ 得

$$x \leq 1\,600$$

故当 $100 < x \leq 1\,600$ 时,实际售价为

$$p = -0.01x + 91 (\text{元／台})$$

当 $x > 1\,600$ 时,实际售价为

$$p = 75 (\text{元／台})$$

综上,实际售价 p 与销售量 x 的函数关系为

$$p = \begin{cases} 90 & x \leq 100 \\ -0.01x + 91 & 100 < x \leq 1\,600 \\ 75 & x > 1\,600 \end{cases}$$

(2)收入函数为

$$R(x) = px = \begin{cases} 90x & x \leq 100 \\ -0.01x^2 + 91x & 100 < x \leq 1\,600 \\ 75x & x > 1\,600 \end{cases}$$

成本函数为

$$C(x) = 60x$$

故利润函数为

$$L(x) = R(x) - C(x) = \begin{cases} 30x & x \leq 100 \\ -0.01x^2 + 31x & 100 < x \leq 1\,600 \\ 15x & x > 1\,600 \end{cases}$$

(3)由(2)可知

$$L(1\,000) = -0.01 \times 1\,000^2 + 31 \times 1\,000 = 21\,000 (\text{元})$$

【例1.8】 某厂每天生产 60 个产品的成本为 300 元,每天生产 80 个产品的成本为 340 元.

(1)求其线性成本函数;

(2)该厂每天的固定成本和生产一个产品的可变成本各为多少?

解 (1)由于成本函数为线性函数,故设产量为 x,则成本函数为

$$C(x) = ax + b$$

又由 $\begin{cases} 300 = 60a + b \\ 340 = 80a + b \end{cases}$,得

$$\begin{cases} a = 2 \\ b = 180 \end{cases}$$

故成本函数为

$$C(x) = 2x + 180$$

（2）由于

$$C_{固} = C(0) = 180$$

故该厂每天的固定成本为180元；生产一个产品的可变成本为2元.

四、本章自测题

一、填空题

1. 设 $f(t) = t\,\psi(x)$，则 $f(1) - f(0) = $ _____.

2. 设 $f(x) = \begin{cases} x, & |x| \leqslant 1 \\ 1, & |x| > 1 \end{cases}$，则 $f(\sin x) \cdot f(1 + e^x) = $ _____.

3. $y = \sqrt{x^2 - 4} + \arcsin \dfrac{2x - 1}{7}$ 的定义域为 _____.

4. $f(x) - 2f\left(\dfrac{1}{x}\right) = \dfrac{2}{x}$，则 $f(x) = $ _____.

5. $f(x) = \begin{cases} x, & x \geqslant 0 \\ \dfrac{1}{x}, & x < 0 \end{cases}$，则 $f[f(x)] = $ _____.

6. 已知 $f(x) = \sin x$，$f[\varphi(x)] = 1 - x^2$，则 $\varphi(x) = $ _____.

7. 已知某商品的需求函数、供给函数分别为 $Q_d = 13 - p$，$Q_s = -20 + 5p$，则均衡价格 $p_e = $ _____，均衡数量 $Q_e = $ _____.

8. 已知 $f[\varphi(x)] = 1 + \cos x$，$\varphi(x) = \sin\dfrac{x}{2}$，则 $f(x) = $ _____.

9. 已知 $f(x) = \sqrt{x - 2}$，则其反函数 $f^{-1}(x) = $ _____.

10. 函数 $y = \sin^2 x$ 由 _____ 和 _____ 复合而成.

二、单项选择题

1. 函数 $f(x) = 3^x$，则 $f(x + y) = $ _____.

A. $f(x)f(y)$ B. $f(2x)$ C. $f(x)$ D. $f(y)$

2. 若 $f(x)$ 是 $(-\infty, +\infty)$ 上有定义的函数，则下列 _____ 是奇函数.

A. $f(x^3)$ B. $[f(x)]^3$ C. $f(x) - f(-x)$ D. $f(x) + f(-x)$

3. 下列函数中 _____ 是偶函数.

A. $y = \dfrac{e^x + e^{-x}}{2}$ B. $y = x \cos x$

C. $y = \ln(x + \sqrt{x^2 + 1})$ D. $y = \dfrac{1}{1 - x}$

4. 设函数 $f(u)$ 的定义域为 $0 < u < 1$，则 $f(\ln x)$ 的定义域为 _____.

A. $(0, 1)$ B. $(1, a)$ C. $(0, e)$ D. $(1, e)$

5. 设 $[x]$ 表示不超过 x 的最大整数，则函数 $y = x - [x]$ 为 _____.

A. 无界函数   B. 单调函数   C. 偶函数   D. 周期函数

6. 设函数 $f(x) = x + \tan x e^{\sin x}$，则 $f(x)$ 是 _____.

A. 偶函数   B. 无界函数   C. 周期函数   D. 单调函数

7. 函数 $y = \lg(x - 1)$ 在 _____ 内有界.

A. $(2,3)$　　　　　　B. $(1,2)$　　　　　　C. $(2,+\infty)$　　　　D. $(1,+\infty)$

8. 若在$(-\infty,+\infty)$内$f(x)$单调增加,$\varphi(x)$单调减少,则$f[\varphi(x)]$在$(-\infty,+\infty)$内_____.

A. 单调增加　　　　　　　　　　　B. 单调减少

C. 不是单调函数　　　　　　　　　D. 增减性难以判定

三、计算题

1. 设函数$y=f(x)$的定义域为$[0,3a](a>0)$,求$g(x)=f(x+a)+f(2x-3a)$的定义域.

2. 已知$\varphi(x+1)=\begin{cases}x^2 & 0\leqslant x\leqslant 1\\ 2x & 1<x\leqslant 2\end{cases}$,求$\varphi(x)$及其定义域.

3. 设$g(x)=\begin{cases}2-x & x\leqslant 0\\ x+2 & x>0\end{cases}$,$f(x)=\begin{cases}x^2 & x<0\\ -x & x\geqslant 0\end{cases}$,求$g[f(x)]$.

四、应用题

1. 某商品的单价为100元,单位成本为60元,商家为了促销,规定凡是购买该商品超过200单位时,对超过部分按单价的九五折出售,求成本函数、收益函数和利润函数.

2. 某电视机每台售价为500元时,每月可销售2 000台;每台售价为450元时,每月可增销400台. 试求该电视机的线性需求函数.

3. 某厂生产某商品的可变成本为15元/件,每天的固定成本为2 000元,如果每件商品的出厂价为20元,为了不亏本,该厂每天至少应生产多少件该商品?

五、证明题

设$af(x)+bf\left(\dfrac{1}{x}\right)=\dfrac{c}{x}$,其中$a,b,c$为常数,且$|a|\neq|b|$,试证:$f(-x)=-f(x)$.

五、本章自测题题解

一、填空题

1. $\psi(x)$　　2. $\sin x$　　3. $[-3,-2]\cup[2,4]$　　4. $-\dfrac{2}{3}\left(2x+\dfrac{1}{x}\right)$　　5. x　　6. $\arcsin(1-x^2)$

7. $5.5;7.5$　　8. $2(1-x^2)$　　9. $f^{-1}(x)=x^2+2(x\geqslant 0)$　　10. $y=u^2;u=\sin x$

二、单项选择题

1. A　　2. C　　3. A　　4. D　　5. D　　6. B　　7. A　　8. B

三、计算题

1. 解:因$y=f(x)$的定义域为$[0,3a](a>0)$,故

$$\begin{cases}0\leqslant x+a\leqslant 3a\\ 0\leqslant 2x-3a\leqslant 3a\end{cases}\Rightarrow\begin{cases}-a\leqslant x\leqslant 2a\\ \dfrac{3}{2}a\leqslant x\leqslant 3a\end{cases}\Rightarrow\dfrac{3}{2}a\leqslant x\leqslant 2a$$

故定义域为$\left[\dfrac{3}{2}a,2a\right]$.

2. 解:令$u=x+1$,则$x=u-1$

于是

$$\varphi(u) = \begin{cases} (u-1)^2 & 0 \leqslant u-1 \leqslant 1 \\ 2(u-1) & 1 < u-1 \leqslant 2 \end{cases}$$

故

$$\varphi(x) = \begin{cases} (x-1)^2 & 1 \leqslant x \leqslant 2 \\ 2(x-1) & 2 < x \leqslant 3 \end{cases}$$

因此,$\varphi(x)$ 的定义域为 $[1,2] \cup (2,3] = [1,3]$.

3. 解:因 $g(u) = \begin{cases} 2-u & u \leqslant 0 \\ u+2 & u > 0 \end{cases}$,令 $u = f(x)$,故

$$g[f(x)] = \begin{cases} 2-f(x) & f(x) \leqslant 0 \\ f(x)+2 & f(x) > 0 \end{cases}$$

因 $f(x) \leqslant 0 \Leftrightarrow x \geqslant 0$,此时

$$f(x) = -x$$

又因 $f(x) > 0 \Leftrightarrow x < 0$,此时

$$f(x) = x^2$$

故

$$g[f(x)] = \begin{cases} 2+x & x \geqslant 0 \\ x^2+2 & x < 0 \end{cases}$$

四、应用题

1. 解:设购买量为 x 单位,则成本函数为

$$C(x) = 60x$$

收益函数为

$$R(x) = \begin{cases} 100x & x \leqslant 200 \\ 20\,000 + (x-200) \times 95 & x > 200 \end{cases}$$

$$= \begin{cases} 100x & x \leqslant 200 \\ 95x + 1\,000 & x > 200 \end{cases}$$

利润函数为

$$L(x) = R(x) - C(x) = \begin{cases} 40x & x \leqslant 200 \\ 35x + 1\,000 & x > 200 \end{cases}$$

2. 解:设电视机的市场需求量为 Q 台,单位价格为 p 元,线性函数为

$$Q = a - bp \qquad a,b > 0$$

当 $p = 500$ 元时,$Q = 2\,000$,得

$$Q = a - 500b = 2\,000 \qquad\qquad (1)$$

当 $p = 450$ 元时,$Q = 2\,400$,得

$$Q = a - 450b = 2\,400 \qquad\qquad (2)$$

由式(1)、式(2)得

$$a = 6\,000, b = 8$$

故所求需求函数为

$$Q = 6\,000 - 8p$$

3. 解:设每天生产该商品 x 件,则每天成本(元)为
$$C(x) = 15x + 2\,000$$
每天收入 $R(x) = 20x$,为了每天不亏本,则
$$R(x) \geqslant C(x)$$
即
$$20x \geqslant 15x + 2\,000$$
得 $x \geqslant 400$(件),即若要不亏本,则每天至少应生产该商品 400 件.

五、证明题

证:把 x 换成 $\dfrac{1}{x}$,代入
$$af(x) + bf\left(\dfrac{1}{x}\right) = \dfrac{c}{x} \qquad ①$$
得
$$af\left(\dfrac{1}{x}\right) + bf(x) = cx \qquad ②$$
因 $|a| \neq |b|$,则 ① $\times a$ - ② $\times b$ 得
$$(a^2 - b^2)f(x) = \dfrac{ac}{x} - bcx$$
即
$$f(x) = \dfrac{1}{a^2 - b^2}\left(\dfrac{ac}{x} - bcx\right)$$
故
$$f(-x) = \dfrac{1}{a^2 - b^2}\left(-\dfrac{ac}{x} + bcx\right) = -f(x)$$

六、本章 B 组习题详解

一、填空题

1. 设 $f(x)$ 的定义域为 $[1,2]$,则 $f(1 - \lg x)$ 的定义域为_____.

解:因为 $f(x)$ 的定义域为 $[1,2]$,故
$$1 \leqslant 1 - \lg x \leqslant 2$$
$$\Rightarrow -1 \leqslant \lg x \leqslant 0$$
即
$$\lg 10^{-1} \leqslant \lg x \leqslant \lg 1 \Rightarrow 10^{-1} \leqslant x \leqslant 1$$
故 $f(1 - \lg x)$ 的定义域为 $\left[\dfrac{1}{10}, 1\right]$.

2. 设函数 $f(x) = \sin x$, $f[g(x)] = 1 - x^2$,则 $g(x) = $_____,其定义域为_____.

解:因为 $f(x) = \sin x$,故
$$f[g(x)] = \sin[g(x)] = 1 - x^2$$
故
$$g(x) = \arcsin(1 - x^2)$$

又因为
$$-1 \leqslant 1 - x^2 \leqslant 1 \Rightarrow 0 \leqslant x^2 \leqslant 2$$

故定义域为 $[-\sqrt{2}, \sqrt{2}]$.

3. 函数 $y = \ln(2 - \ln x)$ 的定义域为_____.

解:由题意得
$$\begin{cases} 2 - \ln x > 0 \\ x > 0 \end{cases} \Rightarrow \begin{cases} \ln x < 2 = \ln e^2 \\ x > 0 \end{cases} \Rightarrow 0 < x < e^2$$

故定义域为 $(0, e^2)$.

4. 若 $f\left(x + \dfrac{1}{x}\right) = \dfrac{x^3 + x}{x^4 + 1}$, 则 $f(x) = $ _____.

解: $f\left(x + \dfrac{1}{x}\right) = \dfrac{x + \dfrac{1}{x}}{x^2 + \dfrac{1}{x^2}} = \dfrac{x + \dfrac{1}{x}}{x^2 + \dfrac{1}{x^2} + 2 - 2} = \dfrac{x + \dfrac{1}{x}}{\left(x + \dfrac{1}{x}\right)^2 - 2}$

故 $f(x) = \dfrac{x}{x^2 - 2}$.

5. 已知某商品的需求函数,供给函数分别为 $Q_d = 100 - 2p$, $Q_s = -20 + 10p$, 则均衡价格 $p = $ _____.

解:令
$$Q_d = Q_s \Rightarrow p = 10$$

二、单项选择题

1. 如果函数 $f(x)$ 的定义域为 $[1,2]$, 则函数 $f(x) + f(x^2)$ 的定义域为(   ).

A. $[1,2]$ B. $[-\sqrt{2}, \sqrt{2}]$

C. $[1, \sqrt{2}]$ D. $[-\sqrt{2}, -1] \cup [1, \sqrt{2}]$

解:由题意得
$$\begin{cases} 1 \leqslant x \leqslant 2 \\ 1 \leqslant x^2 \leqslant 2 \end{cases} \Rightarrow \begin{cases} 1 \leqslant x \leqslant 2 \\ x \geqslant 1 \text{ 或 } x \leqslant -1 \text{ 或} -\sqrt{2} \leqslant x \leqslant \sqrt{2} \end{cases} \Rightarrow 1 \leqslant x \leqslant \sqrt{2}$$

故选 C.

2. $f(x) = \dfrac{1}{\lg|x-5|}$ 的定义域为(   ).

A. $(-\infty, 5) \cup (5, +\infty)$ B. $(-\infty, 4) \cup (4, +\infty)$

C. $(-\infty, 6) \cup (6, +\infty)$ D. $(-\infty, 4) \cup (4,5) \cup (5,6) \cup (6, +\infty)$

解:由题意得
$$\begin{cases} \lg|x-5| \neq 0 \\ |x-5| > 0 \end{cases} \Rightarrow \begin{cases} |x-5| \neq 1 \\ x \neq 5 \end{cases} \Rightarrow \begin{cases} x - 5 \neq \pm 1 \\ x \neq 5 \end{cases} \Rightarrow x \neq 4,5,6$$

故选 D.

3. 设 $f(x) = \dfrac{1}{\sqrt{3-x}} + \lg(x-2)$, 那么, $f(x+a) + f(x-a)$ $\left(0 < a < \dfrac{1}{2}\right)$ 的定义域为

(   ).

A. $(2-a, 3-a)$ B. $(2+a, 3-a)$

C. $(2-a, 3+a)$ D. $(2+a, 3+a)$

解:$f(x)$的定义域为

$$\begin{cases} 3-x>0 \\ x-2>0 \end{cases} \Rightarrow 2<x<3$$

故

$$\begin{cases} 2<x+a<3 \\ 2<x-a<3 \end{cases} \Rightarrow \begin{cases} 2-a<x<3-a \\ 2+a<x<3+a \end{cases} \Rightarrow 2+a<x<3-a$$

故选 B.

4. 下列函数中为偶函数的是(   ).

A. $f(x) = \begin{cases} x-1 & x>0 \\ 0 & x=0 \\ x+1 & x<0 \end{cases}$ B. $f(x) = \begin{cases} 1 & x>0 \\ 0 & x=0 \\ -1 & x<0 \end{cases}$

C. $f(x) = \begin{cases} 2x^2 & x\leqslant 0 \\ -2x^2 & x>0 \end{cases}$ D. $f(x) = \begin{cases} 1-x & x\leqslant 0 \\ 1+x & x>0 \end{cases}$

解:对于选项 D,其定义域为 **R**.

当 $x<0$ 时,$-x>0$,故

$$f(-x) = 1+(-x) = 1-x = f(x)$$

当 $x>0$ 时,$-x<0$,故

$$f(-x) = 1-(-x) = 1+x = f(x)$$

综上,对于 $\forall x \in \mathbf{R}$,都有 $f(-x)=f(x)$.

故选 D.

5. 函数 $y = \lg(\sqrt{x^2+1}+x) + \lg(\sqrt{x^2+1}-x)$(   ).

A. 是奇函数,不是偶函数   B. 是偶函数,不是奇函数

C. 既不是奇函数,又不是偶函数   D. 既是奇函数,又是偶函数

解:显然该函数的定义域为 **R**.

又因为

$$y = \lg(\sqrt{x^2+1}+x)(\sqrt{x^2+1}-x) = \lg 1 = 0$$

故选 D.

6. 设 $f(x) = \sin 2x + \tan \dfrac{x}{2}$,则 $f(x)$ 的周期是(   ).

A. $\dfrac{\pi}{2}$ B. π C. 2π D. 4π

解:$\sin 2x$ 的周期为 π,$\tan \dfrac{x}{2}$ 的周期为 2π,而 π 与 2π 的最小公倍数为 2π,故 $f(x)$ 的周期为 2π.

故选 C.

7. 设 $f(x)$ 是以 T 为周期的函数,则函数 $f(x)+f(2x)+f(3x)+f(4x)$ 的周期是(   ).

A. T B. $2T$ C. $12T$ D. $\dfrac{T}{12}$

解:因为 $f(x)$ 的周期为 T,故 $f(2x)$ 的周期为 $\dfrac{T}{2}$,$f(3x)$ 的周期为 $\dfrac{T}{3}$,$f(4x)$ 的周期为 $\dfrac{T}{4}$,

而 $T, \dfrac{T}{2}, \dfrac{T}{3}, \dfrac{T}{4}$ 的最小公倍数为 T, 故 $f(x) + f(2x) + f(3x) + f(4x)$ 的周期为 T.

故选 A.

8. 下列函数中不是初等函数的是( ).

A. $y = x^x$ B. $y = |x|$ C. $y = \operatorname{sgn} x$ D. $\mathrm{e}^x + xy - 1 = 0$

解: 对于选项 A, $y = x^x = \mathrm{e}^{x\ln x}$ 可看作由 $y = \mathrm{e}^u$ 和 $u = x\ln x$ 复合而成, 故是初等函数;

对于选项 B, 函数 $y = |x|$ 虽然是分段函数, 但可变形为 $y = |x| = \sqrt{x^2}$, 可看作由 $y = \sqrt{u}$ 和 $u = x^2$ 复合而成, 故是初等函数;

对于选项 C, $y = \operatorname{sgn} x$ 是分段函数, 且不能用一个由多个基本初等函数经过有限次四则、复合运算得到的解析式表达, 故不是初等函数;

对于选项 D, 为隐函数, 也是初等函数.

故选 C.

9. 下列函数 $y = f(u)$, $u = \varphi(x)$ 中能构成复合函数 $y = f[\varphi(x)]$ 的是( ).

A. $y = f(u) = \lg(1 - u)$, $u = \varphi(x) = x^2 + 1$

B. $y = f(u) = \arccos u$, $u = \varphi(x) = -x^2 + 2$

C. $y = f(u) = \dfrac{1}{\sqrt{u-1}}$, $u = \varphi(x) = -x^2 + 1$

D. $y = f(u) = \arcsin u$, $u = \varphi(x) = x^2 + 2$

解: 对于选项 B, $y = \arccos u$ 的定义域为 $[-1, 1]$, $u = -x^2 + 2$ 的值域为 $(-\infty, 2]$, 则

$$[-1, 1] \cap (-\infty, 2] \neq \varnothing$$

故 $y = f(u) = \arccos u$ 与 $u = \varphi(x) = -x^2 + 2$ 能复合.

故选 B.

第2章

极限与连续

一、内容提要

$$
\text{极限}
\begin{cases}
\text{定义:见教材表2.1} \\[1mm]
\text{性质}
\begin{cases}
\text{有界性:若} \lim f(x) \text{存在} \Rightarrow f(x) \text{在该过程中有界} \\
\text{唯一性:若} \lim f(x) \text{存在} \Rightarrow \text{极限唯一} \\
\text{保号性}
\begin{cases}
\lim f(x) = A > 0(A<0) \Rightarrow \text{该过程中} f(x) > 0(<0) \\
\lim f(x) = A \text{且该过程中} f(x) \geq 0(\leq 0) \Rightarrow A \geq 0(A \leq 0)
\end{cases}
\end{cases} \\[3mm]
\text{判断}
\begin{cases}
\text{夹逼定理:某过程中} g(x) \leq f(x) \leq h(x) \text{且} \lim g(x) = \lim h(x) = A \Rightarrow \lim f(x) = A \\
\text{单调有界数列必有极限:}
\begin{cases}
\text{单调递增有上界数列必有极限} \\
\text{单调递增有下界数列必有极限}
\end{cases}
\end{cases} \\[3mm]
\text{计算}
\begin{cases}
\text{四则运算法则:若} \lim u, \lim v \text{均存在,} \lim(u \pm v) = \lim u \pm \lim v, \lim(uv) = \lim u \cdot \lim v \\
\qquad \lim \dfrac{u}{v} = \dfrac{\lim u}{\lim v}, \text{且} \lim v \neq 0 \\[2mm]
\text{初等变换:利用代数方求极限} \\[2mm]
\text{两个重要极限}
\begin{cases}
\lim\limits_{x \to 0} \dfrac{\sin x}{x} = 1 \\[2mm]
\lim\limits_{x \to \infty} \left(1 + \dfrac{1}{x}\right)^x = \text{e}
\end{cases}
\xrightarrow{\text{推广}}
\begin{cases}
\dfrac{\sin[f(x)]}{f(x)} \xrightarrow{\frac{0}{0}} 1 \\[2mm]
\lim\left(1 + \dfrac{1}{f(x)}\right)^{f(x)} \xrightarrow{(1+0)^\infty} \text{e}
\end{cases} \\[3mm]
\text{特殊极限}
\begin{cases}
\text{定义:若} \lim f(x) = 0, f(x) \text{为该过程中的无穷小量} \\
\text{性质}
\begin{cases}
\text{1. 有限个无穷小之和、差、积是无穷小} \\
\text{2. 无穷小与有界量之积是无穷小} \\
\text{3. 等价无穷小替换:} \sin x \sim x, \tan x \sim x, \arcsin x \sim x, \arctan x \sim x \\
\quad (1+x)^\alpha - 1 \sim \alpha x, \text{e}^x - 1 \sim x, \ln(1+x) \sim x (x \to 0) \\
\text{4. 非零无穷小的倒数是无穷大}
\end{cases}
\end{cases} \\[2mm]
\text{洛必达法则(第4章)}
\end{cases} \\[3mm]
\text{步骤}
\begin{cases}
\text{1. 通过极限过程,判断极限类型} \\
\text{2. 观察有无等价无穷小的替换} \\
\text{3. 将极限转换为} \dfrac{0}{0} \text{或} \dfrac{\infty}{\infty} \text{型未定式,用洛必达法则并化简} \\
\text{4. 重复以上步骤,直至求出极限为止}
\end{cases}
\end{cases}
$$

$$f(x)在x_0点连续 \begin{cases} 1. 在x_0点有定义 \\ 2. \lim\limits_{x \to x_0} f(x)存在 \\ 3. \lim\limits_{x \to x_0} f(x) = f(x_0) \end{cases} \xrightarrow[\text{之一不满足}]{} x_0为间断点$$

连续
$$\begin{cases} \\ 间断点分类 \begin{cases} 第一类间断点 \lim\limits_{x \to x_0^+} f(x)与\lim\limits_{x \to x_0^-} f(x)均存在 \begin{cases} \lim\limits_{x \to x_0^+} f(x) = \lim\limits_{x \to x_0^-} f(x) \neq f(x_0), x_0为可去间断点 \\ \lim\limits_{x \to x_0^+} f(x) \neq \lim\limits_{x \to x_0^-} f(x), x_0为跳跃间断点 \end{cases} \\ 第二类间断点 \lim\limits_{x \to x_0^+} f(x)与\lim\limits_{x \to x_0^-} f(x)至少有一个不存在 \end{cases} \\ f(x)在(a,b)内连续: f(x)在(a,b)内处处连续 \\ f(x)在[a,b]上连续 \begin{cases} 定义: f(x)在(a,b)内处处连续,且在a点右连续,在b点左连续 \\ 性质 \begin{cases} 有界性: f(x)在[a,b]上有界 \\ 最值性: f(x)在[a,b]上取到最大、最小值至少各一次 \\ 介值性:对介于f(a)与f(b)之间的任意实数c,至少存在\xi \in (a,b),使f(\xi) = c \\ \downarrow 推论 \\ 零点定理:当f(a)f(b) < 0时,至少存在\xi \in (a,b),使f(\xi) = 0 \\ (作用:证明方程根的存在性) \end{cases} \end{cases} \end{cases}$$

二、学习重难点

1. 了解数列与函数极限的概念.

2. 了解无穷小量的概念和基本性质,掌握无穷小量比较的方法;了解无穷大量的概念;知道无穷小量与无穷大量的关系.

3. 知道两个极限存在性定理,并能用于求一些简单极限的值.

4. 熟练掌握两个重要的极限.

5. 了解函数连续性和函数间断的概念;掌握函数间断点的分类;掌握讨论简单分段函数连续性的方法.

6. 了解连续函数的性质,理解初等函数在其定义区间内必连续的结论.

7. 了解闭区间上连续函数的基本定理.

8. 掌握求极限的基本方法:利用极限运算法则、无穷小量的性质、两个重要极限以及函数的连续性等求极限的值.

三、典型例题解析

【例 2.1】 求极限$\lim\limits_{x \to 0} \dfrac{1}{x} \sin\left(x^2 \sin \dfrac{1}{x} \right) =$ _____.

解 由于当$x \to 0$时,$x^2 \to 0$,而$\sin \dfrac{1}{x}$是有界变量,故

$$x^2 \sin \dfrac{1}{x} \to 0$$

故

$$\sin\left(x^2 \sin \dfrac{1}{x} \right) \sim x^2 \sin \dfrac{1}{x} \qquad x \to 0$$

故

$$\lim_{x \to 0} \frac{1}{x} \sin\left(x^2 \sin \frac{1}{x}\right) = \lim_{x \to 0} \frac{1}{x} \cdot x^2 \sin \frac{1}{x} = \lim_{x \to 0} x \cdot \sin \frac{1}{x} = 0$$

【例 2.2】 求极限 $\lim\limits_{x \to 0} \dfrac{\sqrt{1 + x \sin x} - 1}{e^{x^2} - 1} = $ _____.

解 由于当 $x \to 0$ 时，$x \sin x \to 0$，故

$$\sqrt{1 + x \sin x} - 1 \sim \frac{x \sin x}{2}$$

而 $e^{x^2} - 1 \sim x^2$，故

$$\lim_{x \to 0} \frac{\sqrt{1 + x \sin x} - 1}{e^{x^2} - 1} = \lim_{x \to 0} \frac{\dfrac{x \sin x}{2}}{x^2} = \frac{1}{2} \lim_{x \to 0} \frac{\sin x}{x} = \frac{1}{2}$$

【例 2.3】 求极限 $\lim\limits_{x \to \infty} \left(\dfrac{2x + 1}{2x - 1}\right)^x = $ _____.

解 该极限为 1^∞ 型未定式，凑成重要极限的形式，得

$$\lim_{x \to \infty} \left(\frac{2x + 1}{2x - 1}\right)^x = \lim_{x \to \infty} \left(\frac{2x - 1 + 2}{2x - 1}\right)^x = \lim_{x \to \infty} \left(1 + \frac{2}{2x - 1}\right)^{\frac{2x-1}{2} \cdot \frac{2x}{2x-1}} = e$$

【例 2.4】 求极限 $\lim\limits_{x \to -1} \left(\dfrac{1}{x + 1} - \dfrac{1}{x^3 + 1}\right) = $ _____.

解 该极限为 $\infty - \infty$ 型未定式，通分得

$$\lim_{x \to -1} \left(\frac{1}{x + 1} - \frac{3}{x^3 + 1}\right) = \lim_{x \to -1} \left[\frac{x^2 - x + 1}{(x + 1)(x^2 - x + 1)} - \frac{3}{x^3 + 1}\right]$$

$$= \lim_{x \to -1} \frac{x^2 - x - 2}{x^3 + 1} = \lim_{x \to -1} \frac{(x + 1)(x - 2)}{(x + 1)(x^2 - x + 1)}$$

$$= \lim_{x \to -1} \frac{x - 2}{x^2 - x + 1} = -1$$

【例 2.5】 已知极限 $\lim\limits_{x \to \infty} \left(\dfrac{x^2 + 1}{x + 1} - ax - b\right) = 0$，求常数 a 和 b.

解 由于

$$\lim_{x \to \infty} \left(\frac{x^2 + 1}{x + 1} - ax - b\right) = \lim_{x \to \infty} \frac{x^2 + 1 - (x + 1)(ax + b)}{x + 1}$$

$$= \lim_{x \to \infty} \frac{(1 - a)x^2 - (a + b)x + 1 - b}{x + 1} = 0$$

该式为 $\dfrac{\infty}{\infty}$ 型未定式，要使得极限为 0，则上式分子多项式的次数应为 0，故有

$$1 - a = 0, a + b = 0$$

由此解得

$$a = 1, b = -1$$

【例 2.6】 判断函数 $f(x) = \begin{cases} e^{-\frac{1}{x^2}} & x \neq 0 \\ 0 & x = 0 \end{cases}$ 在 $x = 0$ 处的连续性.

解 由于 $x \to 0$ 时，$x \neq 0$，而 $x \to 0$ 时，则

$$x^2 \to 0^+ , \frac{1}{x^2} \to +\infty , -\frac{1}{x^2} \to -\infty$$

故

$$\lim_{x \to 0} f(x) = \lim_{x \to 0} e^{-\frac{1}{x^2}} = 0 = f(0)$$

因此,函数 $f(x)$ 在 $x=0$ 处连续.

【例 2.7】 试确定 a 的值,使得函数 $f(x) = \begin{cases} x^2 + a & x \leqslant 0 \\ x \sin \dfrac{1}{x} & x > 0 \end{cases}$ 在 $(-\infty, +\infty)$ 上连续性.

解 由题意得,函数 $f(x)$ 在 $x=0$ 处连续,则

$$\lim_{x \to 0^-} f(x) = \lim_{x \to 0^+} f(x) = f(0)$$

而

$$\lim_{x \to 0^+} f(x) = \lim_{x \to 0^+} x \sin \frac{1}{x} = 0 = f(0) = a$$

即 $a = 0$.

【例 2.8】 设 $f(x)$ 在 $[0,2a]$ 上连续 $(a>0)$,且 $f(0) = f(2a) \neq f(a)$,证明:在 $[0,a]$ 上至少存在一点 ξ,使得

$$f(\xi) = f(\xi + a)$$

解 记

$$F(x) = f(x) - f(x+a)$$

因为 $f(x)$ 在 $[0,2a]$ 上连续,故
$f(x+a)$ 在 $[-a,a]$ 上连续,则 $F(x)$ 在 $[0,a]$ 上连续.
又因为

$$f(0) = f(2a) \neq f(a)$$

则

$$F(0) = f(0) - f(a) = f(2a) - f(a)$$
$$F(a) = f(a) - f(2a)$$

即

$$F(0) \cdot F(a) < 0$$

则由零点定理得,至少存在一点 $\xi \in (0,a)$,使得

$$F(\xi) = 0$$

即

$$f(\xi) = f(\xi + a)$$

四、本章自测题

一、填空题

1. $\lim\limits_{x \to 0} \left(x \sin \dfrac{1}{x} + \dfrac{1}{x} \sin x \right) = $ _____.

2. $\lim\limits_{x \to +\infty} \arcsin \left(\sqrt{x^2 + x} - x \right) = $ _____.

3. $\lim\limits_{n\to\infty}\dfrac{1+3+5+\cdots+(2n-1)}{(n^3+1)\sin\dfrac{1}{n}}=$ _____ .

4. $\lim\limits_{x\to0}[1+\ln(1+x)]^{\frac{2}{x}}=$ _____ .

5. $\lim\limits_{x\to\infty}\dfrac{2x^3+3x^2+5}{7x^3+4x^2-1}=$ _____ .

6. 设 $\lim\limits_{x\to1}f(x)$ 存在,且 $f(x)=x^2+2x\lim\limits_{x\to1}f(x)$,则 $\lim\limits_{x\to1}f(x)=$ _____ .

7. 设 $\lim\limits_{x\to\infty}\left(\dfrac{x-k}{x}\right)^{-2x}=\lim\limits_{x\to\infty}x\sin\dfrac{2}{x}$,则 $k=$ _____ .

8. 设 $\lim\limits_{x\to1}\dfrac{x^2+ax+b}{\sin(x^2-1)}=3$,则 $a=$ _____ , $b=$ _____ .

9. 当 $x\to0$ 时, $\sin(kx^2)\sim1-\cos x$,则 $k=$ _____ .

10. 如果函数 $f(x)=\begin{cases}\left(\dfrac{1-x}{1+x}\right)^{\frac{1}{x}} & 0<x<1 \\ a & x=0\end{cases}$ 在其定义域上连续,则 $a=$ _____ .

11. 函数 $f(x)=\dfrac{x^2-1}{x^2-3x+2}$ 的间断点为 _____ ,其中可去间断点为 _____ ,补充定义 _____ 使其连续.

二、单项选择题

1. 下列命题正确的是 _____ .

A. 无限多个无穷小之和仍是无穷小

B. 两个无穷大之和仍是无穷大

C. 无穷大与有界变量(但不是无穷小)的乘积一定是无穷大

D. 两个无穷大的积仍为无穷大

2. 已知 $f(x)=e^{\frac{1}{x}}$,则 $x=0$ 是函数的 _____ .

A. 无穷型间断点　　　　　　　　　B. 跳跃间断点

C. 可去间断点　　　　　　　　　　D. 其他类型间断点

3. $\lim\limits_{x\to0^+}\sin\arctan\ln x=$ _____ .

A. 1　　　　　　　B. -1　　　　　　　C. 0　　　　　　　D. 不存在

4. 对于函数 $y=\sqrt{1-x^2}$ $(x\in(-1,1))$,下列结论中不正确的是 _____ .

A. 是连续函数　　　　　　　　　　B. 是有界函数

C. 有最大值和最小值　　　　　　　D. 有最大值无最小值

5. $\lim\limits_{x\to1}\dfrac{\sin(x^2-1)}{x-1}$,则 _____ .

A. 1　　　　　　　B. 0　　　　　　　C. $\dfrac{1}{2}$　　　　　　　D. 2

6. 函数 $f(x)$ 在 $x=x_0$ 点有定义是它在该点有极限的 _____ .

A. 充分条件　　　　B. 必要条件　　　　C. 充要条件　　　　D. 无关条件

7. 下列函数在给定变化过程中是无穷大量的为 _____ .

A. $\ln(x-1)$，$(x\to 2)$　　　　　　B. $\dfrac{1}{x}$，$(x\to\infty)$

C. $\dfrac{1}{x}$，$(x\to 0)$　　　　　　D. $\dfrac{1}{x-2}$，$(x\to 0)$

8. 若 $\lim\limits_{x\to 0}\dfrac{f(ax)}{x}=\dfrac{1}{2}$，则 $\lim\limits_{x\to 0}\dfrac{f(bx)}{x}=$ _____ $(ab\neq 0)$.

A. $\dfrac{b}{2a}$　　　　B. $\dfrac{1}{2ab}$　　　　C. $\dfrac{ab}{2}$　　　　D. $\dfrac{a}{2b}$

9. 若 $f(x_0+0)$ 与 $f(x_0-0)$ 均存在,则_____.

A. $\lim\limits_{x\to x_0}f(x)$ 存在且等于 $f(x_0)$　　　　B. $\lim\limits_{x\to x_0}f(x)$ 存在但不一定等于 $f(x_0)$

C. $\lim\limits_{x\to x_0}f(x)$ 不一定存在　　　　D. $\lim\limits_{x\to x_0}f(x)$ 必不存在

10. 下列极限计算正确的是_____.

A. $\lim\limits_{x\to 0}e^{\frac{1}{x}}=1$　　B. $\lim\limits_{x\to\infty}\dfrac{\sin x}{x}=1$　　C. $\lim\limits_{x\to 0}\dfrac{\tan x}{x}=0$　　D. $\lim\limits_{x\to\infty}\dfrac{\cos x}{x}=0$

三、计算题

*1. $\lim\limits_{n\to\infty}(1^n+2^n+3^n+4^n+5^n)^{\frac{1}{n}}$　　　　2. $\lim\limits_{x\to 0}\dfrac{x^2\sin\frac{1}{x}}{\sin x}$

3. $\lim\limits_{x\to 1}\dfrac{\sqrt{x+3}-2}{\sqrt{x}-1}$　　　　4. $\lim\limits_{x\to 0}\dfrac{\arcsin 5x-\sin 3x}{\sin x}$

5. $\lim\limits_{x\to 0}\dfrac{(\sin x^3)\tan x}{1-\cos x^2}$　　　　6. $\lim\limits_{x\to\infty}\left(1+\dfrac{1}{x+1}\right)^x$

7. $\lim\limits_{x\to\infty}\left(1-\dfrac{1}{x}\right)^{\sqrt{x}}$　　　　8. $\lim\limits_{x\to\infty}\left(\dfrac{x+2}{x-2}\right)^x$

9. $\lim\limits_{x\to\infty}(\sqrt{x^2+1}-\sqrt{x^2-1})$　　　　10. 设 $f(x-2)=\left(1-\dfrac{3}{x}\right)^x$，$\lim\limits_{x\to\infty}f(x)$

11. 讨论函数 $f(x)=\begin{cases}\dfrac{\sqrt{1+x^2}-\sqrt{1-x^2}}{x^2} & -1\leqslant x<0 \\ \dfrac{1}{x}\ln(1+2x) & x>0 \\ 0 & x=0\end{cases}$ 在 $x=0$ 处的连续性.

12. 讨论函数 $f(x)=\begin{cases}e^{\frac{1}{x}} & x<0 \\ 0 & x=0 \\ \dfrac{1}{x}\ln(1+x^2) & x>0\end{cases}$ 在 $x=0$ 处的连续性.

四、证明题

1. 试证明曲线 $y=xe^x-x^2-1$ 在 $x=0$ 与 $x=1$ 之间至少与 x 轴有一个交点.

2. 设函数 $f(x)$ 在区间 $[a,b]$ 上连续,且 $f(a)<a,f(b)>b$,证明:存在 $\xi\in(a,b)$ 使得 $f(\xi)=\xi$.

五、本章自测题题解

一、填空题

1. 1   2. $\dfrac{\pi}{6}$ 3. 1   4. e^2 5. $\dfrac{2}{7}$ 6. -1 7. $\dfrac{1}{2}\ln 2$ 8. $a = 4; b = -5$

9. $k = \dfrac{1}{2}$ 10. e^{-2} 11. $x_1 = 1, x_2 = 2; x = 1; f(1) = -2$

二、单项选择题

1. D   2. A   3. B   4. C   5. D   6. D   7. C   8. A   9. C   10. D

三、计算题

1. 解：因为 $5^n < 1^n + 2^n + 3^n + 4^n + 5^n < 5 \cdot 5^n$

故

$$5 < (1^n + 2^n + 3^n + 4^n + 5^n)^{\frac{1}{n}} < 5 \cdot 5^{\frac{1}{n}}$$

而 $\lim\limits_{n \to \infty} 5 \cdot 5^{\frac{1}{n}} = 5$，故由夹逼定理得

$$\lim\limits_{n \to \infty} (1^n + 2^n + 3^n + 4^n + 5^n)^{\frac{1}{n}} = 5$$

2. 解：原式 $= \lim\limits_{x \to 0} \dfrac{x^2 \sin \dfrac{1}{x}}{x} = \lim\limits_{x \to 0} x \sin \dfrac{1}{x} = 0$

3. 解：原式 $= \lim\limits_{x \to 1} \dfrac{(\sqrt{x+3} - 2)(\sqrt{x+3} + 2)(\sqrt{x} + 1)}{(\sqrt{x} - 1)(\sqrt{x} + 1)(\sqrt{x+3} + 2)}$

$\qquad\quad = \lim\limits_{x \to 1} \dfrac{(x - 1)(\sqrt{x} + 1)}{(x - 1)(\sqrt{x+3} + 2)}$

$\qquad\quad = \lim\limits_{x \to 1} \dfrac{\sqrt{x} + 1}{\sqrt{x+3} + 2} = \dfrac{1}{2}$

4. 解：原式 $= \lim\limits_{x \to 0} \dfrac{\arcsin 5x}{\sin x} - \lim\limits_{x \to 0} \dfrac{\sin 3x}{\sin x} = 5 - 3 = 2$

5. 解：原式 $= \lim\limits_{x \to 0} \dfrac{x^3 \cdot x}{\dfrac{1}{2}(x^2)^2} = 2$

6. 解：原式 $= \lim\limits_{x \to \infty} \left(1 + \dfrac{1}{x+1}\right)^{(x+1) \cdot \frac{x}{x+1}} = e$

7. 解：原式 $= \lim\limits_{x \to \infty} \left(1 - \dfrac{1}{x}\right)^{-x \cdot \left(-\frac{x}{x}\right)} = e^0 = 1$

8. 解：原式 $= \lim\limits_{x \to \infty} \left(\dfrac{x - 2 + 4}{x - 2}\right)^x = \lim\limits_{x \to \infty} \left(1 + \dfrac{4}{x - 2}\right)^x = \lim\limits_{x \to \infty} \left(1 + \dfrac{4}{x - 2}\right)^{\frac{x-2}{4} \cdot \frac{4x}{x-2}} = e^4$

9. 解：原式 $= \lim\limits_{x \to \infty} \dfrac{2}{\sqrt{x^2 + 1} + \sqrt{x^2 - 1}} = 0$

10. 解:由

$$f(x-2) = \left(1 - \frac{3}{x}\right)^x = \left[1 - \frac{3}{(x-2)+2}\right]^{(x-2)+2}$$

得

$$f(x) = \left(1 - \frac{3}{x+2}\right)^{x+2}$$

故

$$\lim_{x \to \infty} f(x) = \lim_{x \to \infty}\left(1 - \frac{3}{x+2}\right)^{x+2} = \lim_{x \to \infty}\left[\left(1 + \frac{-3}{x+2}\right)^{\frac{x+2}{-3}}\right]^{-3} = e^{-3}$$

11. 解:因为

$$\lim_{x \to 0^-} f(x) = \lim_{x \to 0^-}\frac{\sqrt{1+x^2} - \sqrt{1-x^2}}{x^2} = \lim_{x \to 0^-}\frac{2}{\sqrt{1+x^2} + \sqrt{1-x^2}} = 1$$

$$\lim_{x \to 0^+} f(x) = \lim_{x \to 0^+}\frac{\ln(1+2x)}{x} = \lim_{x \to 0^+}\frac{2x}{x} = 2$$

故

$$\lim_{x \to 0^-} f(x) \neq \lim_{x \to 0^+} f(x)$$

故 $f(x)$ 在 $x=0$ 处间断.

12. 解:因为

$$\lim_{x \to 0^-} f(x) = \lim_{x \to 0^-} e^{\frac{1}{x}} = 0$$

$$\lim_{x \to 0^+} f(x) = \lim_{x \to 0^+}\frac{\ln(1+x^2)}{x} = \lim_{x \to 0^+}\frac{x^2}{x} = 0$$

故

$$\lim_{x \to 0^-} f(x) = \lim_{x \to 0^+} f(x) = f(0)$$

故 $f(x)$ 在 $x=0$ 处连续.

四、证明题

1. 证:因为函数 $f(x) = xe^x - x^2 - 1$ 在 $[0,1]$ 上连续,且

$$f(0) = -1, f(1) = e - 2$$

即

$$f(0)f(1) < 0$$

因此,由零点定理可得 $f(x) = xe^x - x^2 - 1$ 在 $(0,1)$ 上至少存在一点 ξ,使得

$$f(\xi) = 0$$

即 $y = f(x)$ 在 $x=0$ 与 $x=1$ 之间至少与 x 轴有一个交点.

2. 证:构造辅助函数为

$$F(x) = f(x) - x$$

因为 $F(x)$ 在 $[a,b]$ 上连续,故 $F(x)$ 在 $[a,b]$ 也连续,且

$$f(a) - a = F(a) < 0, f(b) - b = F(b) > 0$$

由零点定理可知,至少存在一点 $\xi \in (a,b)$,使得

$$F(\xi) = 0$$

即

$$f(\xi) - \xi = 0 \Rightarrow f(\xi) = \xi$$

六、本章 B 组习题详解

一、填空题

1. $\lim\limits_{x \to 0} \dfrac{\ln(x+a) - \ln a}{x}(a > 0) = $ _____ .

解:$\lim\limits_{x \to 0} \dfrac{\ln(x+a) - \ln a}{x} = \lim\limits_{x \to 0} \dfrac{\ln\left(1 + \dfrac{x}{a}\right)}{x} = \lim\limits_{x \to 0} \dfrac{\dfrac{x}{a}}{x} = \dfrac{1}{a}$.

2. $\lim\limits_{x \to 0} \sin\dfrac{1}{x}$ _____(填"存在"或"不存在").

解:当 $x \to 0$ 时,$\dfrac{1}{x} \to \infty$,故 $\lim\limits_{x \to 0} \sin\dfrac{1}{x}$ 不存在.

3. 如果 $\lim\limits_{x \to x_0} f(x) = \infty$,则 $f(x)$ 在 $x \to x_0$ 时,极限属于 _____(填"存在"或"不存在").

解:由 $\lim\limits_{x \to x_0} f(x) = \infty$ 知,$f(x)$ 在 $x \to x_0$ 时,极限不存在.

4. 当 $x \to 0$ 时,$\sin(kx^2) \sim 1 - \cos x$,则 $k = $ _____ .

解:由题意得

$$\lim\limits_{x \to 0} \dfrac{\sin(kx^2)}{1 - \cos x} = \lim\limits_{x \to 0} \dfrac{kx^2}{\dfrac{1}{2}x^2} = 2k = 1$$

故 $k = \dfrac{1}{2}$.

5. 设 $y = \dfrac{1}{x+1}$,当 $x \to$ _____ 时,y 为无穷小量;当 $x \to$ _____ 时,y 为无穷大量.

解:因为 $\lim\limits_{x \to \infty} \dfrac{1}{x+1} = 0$,故当 $x \to \infty$ 时,y 为无穷小量;

因为 $\lim\limits_{x \to -1} \dfrac{1}{x+1} = \infty$,故当 $x \to -1$ 时,y 为无穷大量.

6. 用"$+\infty$""$-\infty$""∞"或"0"填空.

$\lim\limits_{x \to 0^+} \ln x = $ _____ ; $\lim\limits_{x \to +\infty} \ln x = $ _____ ; $\lim\limits_{x \to 0^+} e^{\frac{1}{x}} = $ _____ ; $\lim\limits_{x \to 0^-} e^{\frac{1}{x}} = $ _____ ;
$\lim\limits_{x \to 0} \cot x = $ _____ .

解:由 $y = \ln x$ 的图像得

$$\lim\limits_{x \to 0^+} \ln x = -\infty , \ \lim\limits_{x \to +\infty} \ln x = +\infty$$

故 $\lim\limits_{x \to 0^+} e^{\frac{1}{x}} = +\infty$,$\lim\limits_{x \to 0^-} e^{\frac{1}{x}} = 0$.

由 $y = \cot x$ 的图像得

$$\lim\limits_{x \to 0} \cot x = \infty$$

7. $x \to 0$ 时,$\sqrt{1+x} - \sqrt{1-x}$ 是 x 的 _____ 无穷小.

解:$\lim\limits_{x \to 0} \dfrac{\sqrt{1+x} - \sqrt{1-x}}{x} = \lim\limits_{x \to 0} \dfrac{(\sqrt{1+x} - \sqrt{1-x})(\sqrt{1+x} + \sqrt{1-x})}{x(\sqrt{1+x} + \sqrt{1-x})}$

$$= \lim_{x \to 0} \frac{2x}{x(\sqrt{1+x} + \sqrt{1-x})} = \lim_{x \to 0} \frac{2}{\sqrt{1+x} + \sqrt{1-x}} = 1$$

故 $x \to 0$ 时，$\sqrt{1+x} - \sqrt{1-x}$ 是 x 的等价无穷小.

8. 设 $f(x) = \sin x \cdot \sin \frac{1}{x}$，则 $x = 0$ 是 $f(x)$ 的_____间断点.

解：因为 $\lim_{x \to 0} \sin x = 0$，$\sin \frac{1}{x}$ 是有界变量，故

$$\lim_{x \to 0} \sin x \cdot \sin \frac{1}{x} = 0$$

而 $f(x)$ 在 $x = 0$ 处无意义，故 $x = 0$ 是 $f(x)$ 的可去间断点.

9. 设 $f(x) = \frac{|x|}{x}$，则 $x = 0$ 是 $f(x)$ 的_____间断点.

解：$f(x) = \frac{|x|}{x} = \begin{cases} 1 & x > 0 \\ -1 & x < 0 \end{cases}$，故

$$\lim_{x \to 0^-} f(x) = -1, \lim_{x \to 0^+} f(x) = 1$$

则

$$\lim_{x \to 0^-} f(x) \neq \lim_{x \to 0^+} f(x)$$

故 $x = 0$ 是 $f(x)$ 的跳跃间断点.

10. 函数 $f(x) = \frac{1}{\sqrt{x^2 - 5x + 6}}$ 的连续区间是_____.

解：函数 $f(x) = \frac{1}{\sqrt{x^2 - 5x + 6}}$ 的定义域为

$$x^2 - 5x + 6 > 0 \Rightarrow x < 2 \text{ 或 } x > 3$$

故函数 $f(x) = \frac{1}{\sqrt{x^2 - 5x + 6}}$ 的连续区间为 $(-\infty, 2) \cup (3, +\infty)$.

二、单项选择题

1. 函数 $f(x)$ 在点 x_0 处有定义，是极限 $\lim_{x \to x_0} f(x)$ 存在的（　　）.

A. 必要条件　　　　　　　　B. 充分条件
C. 充分必要条件　　　　　　D. 无关条件

解：由于极限 $\lim_{x \to x_0} f(x)$ 是否存在，与 $f(x)$ 在点 x_0 处是否有定义无关.
故选 D.

2. 从 $\lim_{x \to x_0} f(x) = 1$ 不能推出（　　）.

A. $\lim_{x \to x_0^-} f(x) = 1$　　　　B. $\lim_{x \to x_0^+} f(x) = 1$
C. $f(x_0) = 1$　　　　D. $\lim_{x \to x_0} [f(x) - 1] = 0$

解：对于选项 A，B，则

$$\lim_{x \to x_0} f(x) = 1 \Leftrightarrow \lim_{x \to x_0^-} f(x) = \lim_{x \to x_0^+} f(x) = 1$$

对于选项 C，由于 $\lim_{x \to x_0} f(x)$ 的值与 $f(x_0)$ 无关，故有

$$\lim_{x \to x_0} f(x) = 1 \Rightarrow\!\!\!\!\!/\ \ f(x_0) = 1$$

对于选项 D,有

$$\lim_{x \to x_0} f(x) = 1 \Rightarrow \lim_{x \to x_0}[f(x) - 1] = \lim_{x \to x_0} f(x) - \lim_{x \to x_0} 1 = 1 - 1 = 0$$

故选 C.

3. 若 $\lim\limits_{x \to x_0} f(x) = A, \lim\limits_{x \to x_0} g(x) = 0$,则 $\lim\limits_{x \to x_0} \dfrac{f(x)}{g(x)}$(　　).

A. 必为 0　　　　　　　　　　　　　B. 必为 ∞

C. 必不存在　　　　　　　　　　　　D. 无法判断

解:若 $\lim\limits_{x \to x_0} f(x) = A \neq 0$,则

$$\lim_{x \to x_0} \frac{f(x)}{g(x)} = \infty$$

若 $\lim\limits_{x \to x_0} f(x) = A = 0$,则 $\lim\limits_{x \to x_0} \dfrac{f(x)}{g(x)}$ 为 $\dfrac{0}{0}$ 型未定式.

故选 D.

4. 下列结论中,正确的是(　　).

A. 无界变量一定为无穷大

B. 无界变量与无穷大的乘积为无穷大

C. 两个无穷大的和仍为无穷大

D. 两个无穷大的乘积仍为无穷大

解:选项 A,B,C 都不正确,例如:

$x \to \infty$ 时,$x \sin x$ 是无界变量,而不是无穷大;

$x \to \infty$ 时,$\tan x$ 是无界变量,x 是无穷大,而它们的乘积 $x \tan x$ 不是无穷大;

$x \to \infty$ 时,x 与 $-x$ 都是无穷大,而它们的和 $x + (-x) = 0$ 不是无穷大.

故选项 D 正确. 例如,设

$$\lim_{x \to x_0} f(x) = \infty, \lim_{x \to x_0} g(x) = \infty$$

则对 $\forall$ 给定的 $M > 0, \exists \delta_1, \delta_2$,使得分别当 $0 < |x - x_0| < \delta_1, 0 < |x - x_0| < \delta_2$ 时,恒有

$$|f(x)| > M, |g(x)| > M$$

令 $\delta = \min\{\delta_1, \delta_2\}$,则当 $0 < |x - x_0| < \delta$ 时,恒有

$$|f(x)g(x)| = |f(x)| \cdot |g(x)| > M \cdot M = M^2$$

故

$$\lim_{x \to x_0} f(x)g(x) = \infty$$

5. 设函数 $f(x) = \begin{cases} 1 & x \neq 1 \\ 0 & x = 1 \end{cases}$,则 $\lim\limits_{x \to 1} f(x)$(　　).

A. 0　　　　　　　B. 1　　　　　　　C. 不存在　　　　　　D. ∞

解:因为 $x \to 1$ 时,$x \neq 1$,故

$$\lim_{x \to 1} f(x) = \lim_{x \to 1} 1 = 1$$

故选 B.

6. 若 $\lim\limits_{x \to 2} \dfrac{x^2 + ax + b}{x^2 - 3x + 2} = -1$,则(　　).

A. $a=-5,b=6$ B. $a=-5,b=-6$

C. $a=5,b=6$ D. $a=5,b=-6$

解:因为

$$\lim_{x\to 2}(x^2-3x+2)=0,\lim_{x\to 2}\frac{x^2+ax+b}{x^2-3x+2}=-1$$

故

$$\lim_{x\to 2}(x^2+ax+b)=0$$

因此,设

$$x^2+ax+b=(x-2)(x+k) \qquad ①$$

故

$$\lim_{x\to 2}\frac{x^2+ax+b}{x^2-3x+2}=\lim_{x\to 2}\frac{(x-2)(x+k)}{(x-2)(x-1)}=\lim_{x\to 2}\frac{x+k}{x-1}=2+k=-1$$

故

$$k=-3$$

代入①式,可得

$$a=-5,b=6$$

故选 A.

7. 若 $f(x)$ 在区间( )上连续,则 $f(x)$ 在该区间上一定取得最大、最小值.

A. (a,b) B. $[a,b]$ C. $[a,b)$ D. $(a,b]$

解:根据闭区间上连续函数的性质,故选 B.

8. 下列命题错误的是( ).

A. $f(x)$ 在 $[a,b]$ 上连续,则存在 $x_1,x_2\in[a,b]$,使得 $f(x_1)\leq f(x)\leq f(x_2)$

B. $f(x)$ 在 $[a,b]$ 上连续,则存在常数 M,使得对任意 $x\in[a,b]$ 都有 $|f(x)|\leq M$

C. $f(x)$ 在 (a,b) 内连续,则 $f(x)$ 在 (a,b) 内必定没有最大值

D. $f(x)$ 在 (a,b) 内连续,则 $f(x)$ 在 (a,b) 内可能既没有最大值也没有最小值

解:由闭区间上连续函数的性质可知,A,B 是正确的说法.

对于选项 D,取 $f(x)=x$,(a,b) 为 $(0,1)$. 可知,$f(x)$ 在 $(0,1)$ 内既没有最大值也没有最小值,选项 D 是正确的说法.

对于选项 C,取 $f(x)=-x^2$,(a,b) 为 $(-1,1)$. 可知,$f(x)$ 在 $(-1,1)$ 上有最大值,在 $x=0$ 处取得.

故选 C.

第 3 章

导数与微分

一、内容提要

$$
导数
\begin{cases}
定义
\begin{cases}
一阶:f'(x_0)=\lim\limits_{x\to x_0}\dfrac{f(x)-f(x_0)}{x-x_0}\xlongequal{\Delta x=x-x_0}\lim\limits_{\Delta x\to x_0}\dfrac{f(x_0+\Delta x)-f(x_0)}{\Delta x}\\[2mm]
n\ 阶:f^{(n)}(x_0)=\lim\limits_{x\to x_0}\dfrac{f^{(n-1)}(x)-f^{(n-1)}(x_0)}{x-x_0}
\end{cases}\\[6mm]
性质
\begin{cases}
可导与连续的关系:f(x)在\ x_0\ 可导\Rightarrow f(x)在\ x_0\ 点连续\\
可导的充要条件:f(x)在\ x_0\ 可导\Leftrightarrow f'_+(x_0)=f'_-(x_0)
\end{cases}\\[6mm]
计算
\begin{cases}
基本导数公式
\begin{cases}
1.\ C'=0 \quad 2.\ (x^\alpha)'=\alpha x^{\alpha-1} \quad 3.\ (a^x)'=a^x\ln a \quad 4.\ (\log_a x)'=\dfrac{1}{x\ln a}(a>0,a\neq 1)\\
5.\ (\sin x)'=\cos x \quad (\cos x)'=-\sin x \quad (\tan x)'=\sec^2 x \quad (\cot x)'=-\csc^2 x\\
6.\ (\arcsin x)'=\dfrac{1}{\sqrt{1-x^2}} \quad (\arccos x)'=\dfrac{-1}{\sqrt{1-x^2}} \quad (\arctan x)'=\dfrac{1}{1+x^2} \quad (\mathrm{arccot}\,x)'=\dfrac{-1}{1+x^2}
\end{cases}\\[6mm]
求导四则运算法则:(u\pm v)'=u'+v' \quad (uv)'=u'v+uv' \quad \left(\dfrac{u}{v}\right)'=\dfrac{u'v-uv'}{v^2}\\[3mm]
复合函数链式求导法则:y=f[\varphi(x)],y'=f'[\varphi(x)]\varphi'(x)\\
隐函数求导\\
对数求导
\begin{cases}
幂指函数:y=f(x)^{g(x)}\Rightarrow\ln y=g(x)\ln f(x),y'=f(x)^{g(x)}\left[g'(x)\ln f(x)+\dfrac{g(x)}{f(x)}f'(x)\right]\\
多个因子乘、商时,可使求导简化
\end{cases}
\end{cases}\\[8mm]
应用\\(第4章)
\begin{cases}
几何上:f'(x_0)表示曲线f(x)过点(x_0,y_0)切线的斜率\\
物理上:s'(t)表示变速运动的瞬时速度\\
经济上
\begin{cases}
边际成本(收益、利润)c'(x_0)(R'(x_0),L'(x_0)):自变量在\ x=x_0\ 的基础上,改变的一个单位\\
成本(收益、利润)改变c'(x_0)(R'(x_0),L'(x_0))个单位\\
需求价格弹性函数\left|\varepsilon_p\right|=\left|\dfrac{P}{Q}Q'\right|(价格改变1\%,需求改变\ \varepsilon_p\%)
\end{cases}
\end{cases}
\end{cases}
$$

$$
微分
\begin{cases}
定义
\begin{cases}
可微:\Delta y=A\Delta x+\alpha\Delta x,其中\ \alpha\ 是当\ \Delta x\to 0\ 时的无穷小\\
微分:\mathrm{d}y=A\Delta x=A\mathrm{d}x
\end{cases}\\
计算:利用导数的计算\\
应用:近似计算f(x)=f(x_0+\Delta x)\approx f(x_0)+f'(x_0)\Delta x,其中,\Delta x=x-x_0
\end{cases}
$$

二、学习重难点

1. 了解导数的概念；知道导数的几何意义与经济意义；了解可导与连续的关系.
2. 熟练掌握基本初等函数的导数公式.
3. 熟练掌握导数的四则运算公式.
4. 掌握反函数的导数公式.
5. 熟练掌握复合函数的链式求导公式.
6. 掌握对数求导法与隐函数求导法.
7. 了解高阶导数的概念，掌握二阶、三阶导数及某些简单函数的 n 阶导数的求法.
8. 了解微分的概念；掌握可导与可微的关系，以及微分形式的不变性；熟练掌握可微函数微分的求法.

三、典型例题解析

【例 3.1】 回答下列问题：

(1) 若函数 $y = f(x)$ 在点 $x = x_0$ 处连续，那么在点 $x = x_0$ 处也一定可导吗？

(2) 表达式 $f'(x_0) = [f(x_0)]'$ 与 $f'_+(x_0) = f'(x_0^+)$ 是否成立？

(3) 几何上，$f'(x_0)$ 表示曲线 $y = f(x)$ 在点 $(x_0, f(x_0))$ 处的切线的斜率. 当 $f'(x_0) = 0$ 或 $f'(x_0) = \infty$ 时，其切线存在吗？

(4) 函数 $y = f(x)$ 在点 $x = x_0$ 的导数 $f'(x_0)$ 与微分 $f'(x_0)\mathrm{d}x$ 之间有何关系？

解 (1) 不一定. 由可导的必要条件可知，若函数 $y = f(x)$ 在点 $x = x_0$ 处可导，则在点 $x = x_0$ 处必连续；但反之，连续不一定可导. 如 $f(x) = |x|$ 在 $x = 0$ 处连续，但它在 $x = 0$ 处不可导.

(2) 表达式 $f'(x_0) = [f(x_0)]'$ 不成立. 因为 $[f(x_0)]'$ 表示函数值 $f(x_0)$ 的导数，它必为 0；而 $f'(x_0)$ 表示 $f(x)$ 在点 x_0 处的导数，即先求导，再代值，其结果不一定为 0.

表达式 $f'_+(x_0) = f'(x_0^+)$ 不成立. 因为 $f'_+(x_0)$ 表示 $f(x)$ 在点 x_0 处的右导数；而 $f'(x_0^+)$ 表示导函数 $f'(x)$ 在点 x_0 处的右极限. 这是两个不同的概念，两者不一定相等，例如

$$f(x) = \begin{cases} \arctan \dfrac{1}{x} & x \neq 0 \\ 0 & x = 0 \end{cases}$$

可验证

$$f'_+(0) = \lim_{x \to 0^+} \frac{f(x) - f(0)}{x - 0} = \lim_{x \to 0^+} \frac{\arctan \dfrac{1}{x}}{x} = +\infty$$

（因为 $\arctan \dfrac{1}{x}$ 是不为 0 的有界变量，而 $\dfrac{1}{x}$ 是当 $x \to 0^+$ 时的无穷大量，故两者乘积为 $+\infty$）

而

$$f'(x) = \left(\arctan \frac{1}{x}\right)' = \frac{1}{1 + \dfrac{1}{x^2}} \cdot \left(-\frac{1}{x^2}\right) = -\frac{1}{1 + x^2} (x \neq 0)$$

进而

$$f'(0^+) = \lim_{x\to 0^+}\left(-\frac{1}{1+x^2}\right) = -1$$

即

$$f'_+(0) \neq f'(0^+)$$

(3) 存在. 几何上,当 $f'(x_0) = 0$ 时,曲线 $y = f(x)$ 在点 $(x_0, f(x_0))$ 处的切线平行于 x 轴;当 $f'(x_0) = \infty$ 时,曲线 $y = f(x)$ 在点 $(x_0, f(x_0))$ 处的切线垂直于 x 轴.

(4) 对于函数 $y = f(x)$ 来讲,其可导与可微是等价的,且 $dy = f'(x_0)dx$,但导数与微分是两个完全不同的概念:导数 $f'(x_0)$ 是函数的增量与自变量的增量之比的极限,即函数关于自变量的变化率;而微分 $dy = f'(x_0)dx$ 是自变量增量 Δx 的线性函数,是函数增量 Δy 的近似值. 几何上,$f'(x_0)$ 为曲线 $y = f(x)$ 在点 $(x_0, f(x_0))$ 处的切线的斜率;而 dy 表示曲线 $y = f(x)$ 在点 $(x_0, f(x_0))$ 处的切线纵坐标的增量.

【例 3.2】 设 $f(x) = (x - a)\varphi(x)$,其中 $\varphi(x)$ 在 $x = a$ 处连续,讨论 $f(x)$ 在点 a 处的可导性.

解 $$\lim_{x\to a}\frac{f(x) - f(a)}{x - a} = \lim_{x\to a}\frac{(x-a)\varphi(x) - 0}{x - a} = \lim_{x\to a}\varphi(x) = \varphi(a)$$

故 $f(x)$ 在 a 处可导,且 $f'(a) = \varphi(a)$.

注:下面的做法是错误的.

由乘积的求导法则有

$$f'(x) = \varphi(x) + (x - a)\varphi'(x)$$

故

$$f'(a) = \varphi(a)$$

出现这个错误的原因是忽略了题设中没有给出 $\varphi(x)$ 可导的条件.

【例 3.3】 设 $f(x) = \begin{cases} \sin x & x \leq 0 \\ \ln(1+x) & x > 0 \end{cases}$,求 $f'(x)$.

解 方法 1:当 $x < 0$ 时,$f'(x) = \cos x$;当 $x > 0$ 时,则

$$f'(x) = \frac{1}{1+x}$$

在 $x = 0$ 处,则

$$f'_-(0) = \lim_{x\to 0^-}\frac{f(x) - f(0)}{x - 0} = \lim_{x\to 0^-}\frac{\sin x}{x} = 1$$

$$f'_+(0) = \lim_{x\to 0^+}\frac{f(x) - f(0)}{x - 0} = \lim_{x\to 0^+}\frac{\ln(1+x)}{x} = \lim_{x\to 0^+}\frac{x}{x} = 1$$

$$f'_-(0) = f'_+(0) = 1$$

故 $f(x)$ 在 $x = 0$ 处可导,且 $f'(0) = 1$. 综上,有

$$f'(x) = \begin{cases} \cos x & x \leq 0 \\ \dfrac{1}{1+x} & x > 0 \end{cases}$$

方法 2:

$$\lim_{x\to 0^-}f(x) = \lim_{x\to 0^-}\sin x = 0$$

$$\lim_{x\to 0^+}f(x) = \lim_{x\to 0^+}\ln(1+x) = 0$$

故

$$\lim_{x\to 0^-}f(x) = \lim_{x\to 0^+}f(x) = f(0) = 0$$

即 $f(x)$ 在 $x=0$ 处连续.

当 $x<0$ 时,$f'(x)=\cos x$,$f'_-(0)=\lim_{x\to 0^-}f'(x)=\lim_{x\to 0^-}\cos x=1$;

当 $x>0$ 时,$f'(x)=\dfrac{1}{1+x}$,$f'_+(0)=\lim_{x\to 0^+}f'(x)=\lim_{x\to 0^+}\dfrac{1}{1+x}=1$.

因此,$f(x)$ 在 $x=0$ 处可导,且 $f'(0)=1$. 综上,有

$$f'(x) = \begin{cases} \cos x & x \leqslant 0 \\ \dfrac{1}{1+x} & x > 0 \end{cases}$$

【例 3.4】 判断 $f(x) = \begin{cases} x^2\sin\dfrac{1}{x} & x\neq 0 \\ a & x=0 \end{cases}$,在 $x=0$ 处的可导性.

解 由于

$$\lim_{x\to 0}f(x) = \lim_{x\to 0}x^2\sin\frac{1}{x} = 0$$

(1)若 $a\neq 0$,即 $\lim_{x\to 0}f(x)=0\neq f(0)$,则 $f(x)$ 在 $x=0$ 处不连续,则一定不可导.

(2)若 $a=0$,则

$$f'(0) = \lim_{x\to 0}\frac{f(x)-f(0)}{x-0} = \lim_{x\to 0}\frac{x^2\sin\dfrac{1}{x}}{x} = \lim_{x\to 0}x\sin\frac{1}{x} = 0$$

即 $f(x)$ 在 $x=0$ 处可导,且 $f'(0)=0$.

【例 3.5】 设 $y=\dfrac{x+1}{\sqrt{x}}$,求 y'.

解 方法 1:用商的求导法则

$$y' = \left(\frac{x+1}{\sqrt{x}}\right)' = \frac{(x+1)'\cdot\sqrt{x}-(x+1)\cdot(\sqrt{x})'}{(\sqrt{x})^2}$$

$$= \frac{\sqrt{x}-(x+1)\cdot\dfrac{1}{2\sqrt{x}}}{x} = \frac{2x-(x+1)}{2x\sqrt{x}} = \frac{x-1}{2x\sqrt{x}}$$

方法 2:$y=(x+1)\cdot x^{-\frac{1}{2}}$,用乘积的求导法则

$$y' = \left[(x+1)\cdot x^{-\frac{1}{2}}\right]' = (x+1)'\cdot x^{-\frac{1}{2}} + (x+1)\cdot(x^{-\frac{1}{2}})'$$

$$= x^{-\frac{1}{2}} + (x+1)\cdot\left(-\frac{1}{2}x^{-\frac{3}{2}}\right) = x^{-\frac{1}{2}} - \frac{1}{2}(x+1)x^{-\frac{3}{2}}$$

方法 3:$y=\dfrac{x+1}{\sqrt{x}}=\dfrac{x}{\sqrt{x}}+\dfrac{1}{\sqrt{x}}=\sqrt{x}+\dfrac{1}{\sqrt{x}}=\sqrt{x}+x^{-\frac{1}{2}}$,用和的求导法则

$$y' = (\sqrt{x}+x^{-\frac{1}{2}})' = \frac{1}{2\sqrt{x}} - \frac{1}{2}x^{-\frac{3}{2}}$$

注:这个例子说明,用求导公式和求导法则求导数时,可能有多种解法,我们应选用最简捷的方法;有时需先将 y 的表达式作适当变形后再求导.

【例 3.6】 设 $y = \mathrm{e}^{\cos^2 \frac{1}{x}}$, 求 y'.

分析 这个函数是由基本初等函数经过多次复合而成, 在求导时, 必须分清层次, 由外到内, 逐层剥开. 为使算式简捷, 不必明显地写出中间变量 u, 但要意识到哪一个式子是中间变量 u, 在对 u(即对该式子)求导后, 还要乘以该式子的导数.

解
$$y' = \left(\mathrm{e}^{\cos^2 \frac{1}{x}} \right)' = \mathrm{e}^{\cos^2 \frac{1}{x}} \cdot \left(\cos^2 \frac{1}{x} \right)'$$

$$= \mathrm{e}^{\cos^2 \frac{1}{x}} \cdot 2\cos \frac{1}{x} \cdot \left(\cos \frac{1}{x} \right)'$$

$$= \mathrm{e}^{\cos^2 \frac{1}{x}} \cdot 2\cos \frac{1}{x} \cdot \left(-\sin \frac{1}{x} \right)\left(\frac{1}{x} \right)'$$

$$= \mathrm{e}^{\cos^2 \frac{1}{x}} \cdot 2\cos \frac{1}{x} \cdot \left(-\sin \frac{1}{x} \right) \cdot \left(-\frac{1}{x^2} \right) = \frac{\mathrm{e}^{\cos^2 \frac{1}{x}} \cdot \sin \frac{2}{x}}{x^2}$$

【例 3.7】 设 $y = (\ln x)^x$, 求 y'.

解 方法 1:用取对数求导法. 方程两边同时取对数, 得

$$\ln y = \ln \left[(\ln x)^x \right] = x \ln(\ln x)$$

再两端同时对 x 求导, 得

$$\frac{1}{y} \cdot y' = \ln(\ln x) + x \cdot \frac{1}{\ln x} \cdot \frac{1}{x} = \ln(\ln x) + \frac{1}{\ln x}$$

故

$$y' = y\left[\ln(\ln x) + \frac{1}{\ln x} \right] = (\ln x)^x \left[\ln(\ln x) + \frac{1}{\ln x} \right]$$

方法 2:用对数恒等式, 将 y 变形, 得

$$y = (\ln x)^x = \mathrm{e}^{x \cdot \ln(\ln x)}$$

故

$$y' = \left[\mathrm{e}^{x \cdot \ln(\ln x)} \right]' = \mathrm{e}^{x \cdot \ln(\ln x)} \cdot \left[x \cdot \ln(\ln x) \right]'$$

$$= (\ln x)^x \left[\ln(\ln x) + \frac{1}{\ln x} \right]$$

【例 3.8】 设 $y = \mathrm{e}^{f(x)}$, 求 y''.

解
$$y' = \left[\mathrm{e}^{f(x)} \right]' = \mathrm{e}^{f(x)} \cdot f'(x)$$

故

$$y'' = \left[\mathrm{e}^{f(x)} \cdot f'(x) \right]' = \left[\mathrm{e}^{f(x)} \right]' \cdot f'(x) + \mathrm{e}^{f(x)} \cdot \left[f'(x) \right]'$$

$$= \mathrm{e}^{f(x)} \cdot f'(x) \cdot f'(x) + \mathrm{e}^{f(x)} \cdot f''(x)$$

$$= \mathrm{e}^{f(x)} \left\{ \left[f'(x) \right]^2 + f''(x) \right\}$$

四、本章自测题

一、填空题

1. 若 $\lim\limits_{x \to 0} \dfrac{x[f(x) - f(0)]}{1 - \cos x} = 1$，则 $f'(0) = $ _____ .

2. $y = x^3 + 3^x + \log_3 x - \sqrt[3]{3}$，则 $y' = $ _____.

3. 设 $f(x) = x(x-1)(x-2)(x-3)\cdots(x-100)$，则 $f'(0) = $ _____.

4. 若 $y = f(e^{-x})$，且 $f'(x) = x \ln x$，则 $\dfrac{dy}{dx}\big|_{x=1} = $ _____.

5. 若 $f(-x) = f(x)$，且 $f'(-1) = 3$，则 $f'(1) = $ _____.

6. 已知 $y = x \ln x$，则 $y^{(4)} = $ _____ .

7. 已知 $y = f\left(\dfrac{3x-2}{3x+2}\right)$，$f'(x) = \arcsin x^2$，则：$\dfrac{dy}{dx}\big|_{x=0} = $ _____.

8. 设 $y = \ln \dfrac{\sqrt{1+x^2} - 1}{\sqrt{1+x^2} + 1}$，则 $y' = $ _____.

9. 设方程 $x = y^y$ 确定 y 是 x 的函数，则 $dy = $ _____.

10. 若 $f(x) = e^{-2x}$，则 $f'(\ln x) = $ _____.

11. 抛物线 $y = x^2$ 在 $x = -2$ 处的切线方程为 _____.

二、单项选择题

1. 设 $f(x)$ 可微，则 $\lim\limits_{x \to 1} \dfrac{f(2-x) - f(1)}{x-1} = ($ ___).

A. $-f'(x-1)$ B. $f'(-1)$ C. $-f'(1)$ D. $f'(2)$

2. 若 $f'(x_0) = -2$，则 $\lim\limits_{x \to 0} \dfrac{x}{f(x_0 - 2x) - f(x_0)} = ($ ___).

A. $\dfrac{1}{4}$ B. $-\dfrac{1}{4}$ C. 1 D. -1

3. 设 $f(x) = \begin{cases} x \arctan \dfrac{1}{x} & x \neq 0 \\ 0 & x = 0 \end{cases}$，则 $f(x)$ 在 $x = 0$ 处(___).

A. 不连续   B. 极限不存在   C. 连续且可导   D. 连续但不可导

4. 下列函数在 $[-1,1]$ 上可微的是(___).

A. $y = x^{\frac{2}{3}} + \sin x$ B. $y = x \sin x$

C. $y = \dfrac{x+1}{x^2}$ D. $y = |x| + \cos x$

5. 设 $f(x)$ 为不恒等于 0 的奇函数，且 $f'(0)$ 存在，则函数 $g(x) = \dfrac{f(x)}{x}($ ___).

A. 在 $x = 0$ 处极限不存在   B. 有跳跃间断点 $x = 0$

C. 在 $x = 0$ 处右极限不存在   D. 有可去间断点 $x = 0$

6. 已知 $y = e^{f(x)}$，则 $y'' = ($ ___).

A. $e^{f(x)}$ B. $e^{f(x)}[f'(x) + f''(x)]$

C. $e^{f(x)}f''(x)$ D. $e^{f(x)}\{[f'(x)]^2+f''(x)\}$

7. 设函数 $f(x)=\begin{cases} x^2 & x\leqslant 1 \\ ax-1 & x>1 \end{cases}$ 在 $x=1$ 处可导,则有(　　).

A. $a=1$ B. $a=0$ C. $a=-1$ D. $a=2$

8. 设 $y=e^{\sin^2 x}$,则 $dy=($　　$)$.

A. $e^x d\sin^2 x$ B. $e^{\sin^2 x} d\sin^2 x$

C. $e^{\sin^2 x}\sin 2x\, d\sin x$ D. $e^{\sin^2 x} d\sin x$

三、计算题

1. 已知 $y=x\sqrt{1-x^2}+\arcsin x-\tan\dfrac{x}{5}$,求 y'.

2. 已知 $y=e^{\arctan\sqrt{x}}+\sqrt{x+\sqrt{x}}$,求 dy.

3. 设 $y=\ln(e^x+\sqrt{1+e^{2x}})$,求 $y'(0)$.

4. $y=\left(\dfrac{b}{a}\right)^x\left(\dfrac{b}{x}\right)^a\left(\dfrac{x}{a}\right)^b(a,b>0)$,求 y'.

5. 若函数 $y=\left(\dfrac{1}{x}\right)^x+x^{\frac{1}{x}}$,求 y'.

6. 已知 $y=y(x)$ 由 $xy+e^{y^2}-x=0$ 所确定,求 $y=y(x)$ 在 $(1,0)$ 处的切线方程.

7. 讨论函数 $f(x)=\begin{cases} \dfrac{1-e^{-x^2}}{x} & x\neq 0 \\ 0 & x=0 \end{cases}$ 在 $x=0$ 处的连续性与可导性.

8. 确定常数 a,b,使函数 $f(x)=\begin{cases} ax+b\sqrt{x} & x>1 \\ x^2 & x\leqslant 1 \end{cases}$ 在 $x=1$ 处可导.

9. 设 $f(x)$ 为可导的偶函数,且 $\lim\limits_{x\to 0}\dfrac{f(1+x)-f(1)}{2x}=-2$,求曲线 $y=f(x)$ 在点 $(-1,2)$ 处的切线方程.

四、证明题

设 $f(x)$ 是可导的偶函数,证明: $f'(0)=0$.

五、本章自测题题解

一、填空题

1. $\dfrac{1}{2}$ 2. $3x^2+3^x\ln 3+\dfrac{1}{x\ln 3}$ 3. $100!$ 4. $\dfrac{1}{e^2}$ 5. -3 6. $\dfrac{2}{x^3}$ 7. $\dfrac{3\pi}{2}$

8. $\dfrac{2}{x\sqrt{1+x^2}}$ 9. $\dfrac{dx}{x(1+\ln y)}$ 10. $-\dfrac{2}{x^2}$ 11. $4x+y+4=0$

二、单项选择题

1. C   2. A   3. D   4. B   5. D   6. D   7. D   8. B

三、计算题

1. 解：
$$y' = \sqrt{1-x^2} + \frac{x \cdot (-2x)}{2\sqrt{1-x^2}} + \frac{1}{\sqrt{1-x^2}} - \frac{1}{5}\sec^2\frac{x}{5}$$
$$= 2\sqrt{1-x^2} - \frac{1}{5}\sec^2\frac{x}{5}$$

2. 解：因为
$$y' = e^{\arctan\sqrt{x}}\frac{1}{1+(\sqrt{x})^2} \cdot \frac{1}{2\sqrt{x}} + \frac{1+\frac{1}{2\sqrt{x}}}{2\sqrt{x+\sqrt{x}}} = \frac{e^{\arctan\sqrt{x}}}{2\sqrt{x}(1+x)} + \frac{1+2\sqrt{x}}{4\sqrt{x} \cdot \sqrt{x+\sqrt{x}}}$$
故
$$dy = y'dx = \left[\frac{e^{\arctan\sqrt{x}}}{2\sqrt{x}(1+x)} + \frac{1+2\sqrt{x}}{4\sqrt{x} \cdot \sqrt{x+\sqrt{x}}}\right]dx$$

3. 解：
$$y' = \frac{1}{e^x + \sqrt{1+e^{2x}}}\left(e^x + \frac{2e^{2x}}{2\sqrt{1+e^{2x}}}\right) = \frac{e^x}{\sqrt{1+e^{2x}}}$$
$$y'(0) = \frac{e^x}{\sqrt{1+e^{2x}}}\bigg|_{x=0} = \frac{1}{\sqrt{2}}$$

4. 解：等式两端同时取对数得 $\ln y = x\ln\frac{b}{a} + a(\ln b - \ln x) + b(\ln x - \ln a)$

上式两端同时对 x 求导得
$$\frac{1}{y}y' = \ln\frac{b}{a} - \frac{a}{x} + \frac{b}{x}$$
故
$$y' = \left(\frac{b}{a}\right)^x\left(\frac{b}{x}\right)^a\left(\frac{x}{a}\right)^b\left(\ln\frac{b}{a} + \frac{b-a}{x}\right)$$

5. 解：令 $u = \left(\frac{1}{x}\right)^x, v = x^{\frac{1}{x}}$，则
$$y' = u' + v'$$
其中
$$\ln u = x\ln\frac{1}{x} = -x\ln x$$

两端同时对 x 求导得
$$\frac{u'}{u} = -(\ln x + 1)$$
故
$$u' = -\left(\frac{1}{x}\right)^x(1+\ln x)$$
$$\ln v = \frac{1}{x}\ln x$$

两端同时对 x 求导得
$$\frac{v'}{v} = \frac{1-\ln x}{x^2}$$

故

$$v' = x^{\frac{1}{x}} \frac{1 - \ln x}{x^2} = (1 - \ln x) x^{\frac{1}{x} - 2}$$

故

$$y = -\left(\frac{1}{x}\right)^x (1 + \ln x) + (1 - \ln x) \cdot x^{\frac{1}{x} - 2}$$

6. 解:方程两端同时对 x 求导得

$$y + xy' + e^{y^2} \cdot 2y \cdot y' - 1 = 0$$

故

$$k = y' \bigg|_{\substack{x=1 \\ y=0}} = \frac{1 - y}{x + 2ye^{y^2}} \bigg|_{\substack{x=1 \\ y=0}} = 1$$

故切线方程为

$$y = x - 1$$

7. 解:因为 $f'(0) = \lim_{x \to 0} \frac{f(x) - f(0)}{x - 0} = \lim_{x \to 0} \frac{1 - e^{-x^2}}{x^2} = \lim_{x \to 0} \frac{-(-x^2)}{x^2} = 1$

故 $f(x)$ 在 $x = 0$ 处可导且连续.

8. 解:因为 $f(x)$ 在 $x = 1$ 处可导,则 $f(x)$ 在 $x = 1$ 处连续,故

$$\lim_{x \to 1^-} f(x) = \lim_{x \to 1^+} f(x) = f(1) \Rightarrow a + b = 1 \tag{1}$$

$$f'_-(1) = (x^2)' \big|_{x=1} = 2x \big|_{x=1} = 2$$

$$f'_+(1) = (ax + b\sqrt{x})' \big|_{x=1} = \left(a + \frac{b}{2\sqrt{x}}\right) \bigg|_{x=1} = a + \frac{b}{2} = f'_-(1) = 2 \tag{2}$$

由式(1)、式(2)联立求解得

$$a = 3, b = -2$$

9. 解:因为 $f(x)$ 为偶函数,故

$$\lim_{x \to 0} \frac{f(1 + x) - f(1)}{2x} = \lim_{x \to 0} \frac{f(-1 - x) - f(-1)}{2x} = -\frac{1}{2} \lim_{x \to 0} \frac{f(-1 - x) - f(-1)}{-x}$$

$$= -\frac{1}{2} f'(-1) = -2$$

故

$$k = f'(-1) = 4$$

故切线方程为

$$4x - y + 6 = 0$$

四、证明题

证:因为 $f(x)$ 是可导的偶函数,故

$$f(-x) = f(x)$$

上式两端同时对 x 求导,得

$$-f'(-x) = f'(x)$$

令 $x = 0$,得

$$-f'(0) = f'(0)$$

故

$$f'(0) = 0$$

六、本章 B 组习题详解

一、填空题

1. $y = \mathrm{e}^{\tan\frac{1}{x}}$，则 $y' = $ _____.

解：$y' = \mathrm{e}^{\tan\frac{1}{x}} \cdot \left(\tan\frac{1}{x}\right)' = \mathrm{e}^{\tan\frac{1}{x}} \cdot \sec^2\frac{1}{x} \cdot \left(\frac{1}{x}\right)' = -\frac{1}{x^2} \cdot \mathrm{e}^{\tan\frac{1}{x}} \cdot \sec^2\frac{1}{x}$

2. 设 $f'(x)$ 存在，则 $\lim\limits_{h\to 0}\dfrac{f(x+2h)-f(x-3h)}{h} = $ _____.

解：$\lim\limits_{h\to 0}\dfrac{f(x+2h)-f(x-3h)}{h} = 5\lim\limits_{h\to 0}\dfrac{f(x+2h)-f(x-3h)}{5h} = 5f'(x)$

3. 若 $f(t) = \lim\limits_{x\to\infty}t\left(1+\dfrac{1}{x}\right)^{2tx}$，则 $f'(t) = $ _____.

解：先求出 $f(t)$ 的具体解析式为

$$f(t) = \lim_{x\to\infty}t\left(1+\frac{1}{x}\right)^{2tx} = t\lim_{x\to\infty}\left[\left(1+\frac{1}{x}\right)^{x}\right]^{2t} = t\mathrm{e}^{2t}$$

故

$$f'(t) = \mathrm{e}^{2t} + 2t\mathrm{e}^{2t} = (1+2t)\mathrm{e}^{2t}$$

4. $\dfrac{\mathrm{d}(\arcsin x)}{\mathrm{d}(\arccos x)} = $ _____.

解：$\dfrac{\mathrm{d}(\arcsin x)}{\mathrm{d}(\arccos x)} = \dfrac{(\arcsin x)'\mathrm{d}x}{(\arccos x)'\mathrm{d}x} = \dfrac{\dfrac{1}{\sqrt{1-x^2}}\mathrm{d}x}{-\dfrac{1}{\sqrt{1-x^2}}\mathrm{d}x} = -1$

5. 曲线 $y = \dfrac{1}{x^2}$ 在点 $(-1,1)$ 的切线方程为 _____.

解：$k = \left(\dfrac{1}{x^2}\right)'\bigg|_{x=-1} = (-2x^{-3})\big|_{x=-1} = 2$

故切线方程为 $y - 1 = 2(x+1)$，即

$$2x - y + 3 = 0$$

6. 可导函数 $f(x)$ 的图形与曲线 $y = \sin x$ 相切于原点，则 $\lim\limits_{n\to\infty}nf\left(\dfrac{2}{n}\right) = $ _____.

解：因为可导函数 $f(x)$ 的图形与曲线 $y = \sin x$ 相切于原点，又 $y = \sin x$ 在原点切线的斜率为

$$k = (\sin x)'\big|_{x=0} = \cos x\big|_{x=0} = 1$$

故

$$f(0) = 0 \text{ 且 } f'(0) = 1$$

故

$$\lim_{n\to\infty}nf\left(\frac{2}{n}\right) = \lim_{n\to\infty}\frac{f\left(\dfrac{2}{n}\right)}{\dfrac{1}{n}} = 2\lim_{n\to\infty}\frac{f\left(\dfrac{2}{n}\right)-f(0)}{\dfrac{2}{n}-0} = 2f'(0) = 2$$

7. 设 $x + y = \tan y$，则 $\mathrm{d}y = $ _____.

解：方程两端同时对 x 求导，把 y 看成 x 的函数，得

$$1 + y' = \sec^2 y \cdot y'$$

$$\Rightarrow y' = \frac{1}{\sec^2 y - 1} = \frac{1}{\tan^2 y} = \cot^2 y = \frac{1}{(x+y)^2}$$

故

$$\mathrm{d}y = \frac{\mathrm{d}x}{(x+y)^2} \text{ 或 } \mathrm{d}y = \cot^2 y \mathrm{d}x$$

8. 设 $f(x) = \dfrac{1-x}{1+x}$，则 $f^{(n)}(x) = $ _____.

解：$f(x) = \dfrac{-1-x+2}{1+x} = -1 + \dfrac{2}{1+x} = -1 + 2(1+x)^{-1}$

$f'(x) = 2 \cdot (-1)(1+x)^{-2}$

$f''(x) = 2 \cdot (-1)(-2)(1+x)^{-3}$

$f'''(x) = 2 \cdot (-1)(-2)(-3)(1+x)^{-4}$

⋮

$f^{(n)}(x) = 2 \cdot (-1)^n n! \ (1+x)^{-(n+1)} = \dfrac{2(-1)^n n!}{(1+x)^{n+1}}$

9. 设 $f(x) = \begin{cases} x^\alpha \sin \dfrac{1}{x} & x \neq 0 \\ 0 & x = 0 \end{cases}$，当 α _____时，$f(x)$ 在 $x = 0$ 处可导.

解：因为 $f(x)$ 在 $x = 0$ 处可导，故

$$f'(0) = \lim_{x \to 0} \frac{f(x) - f(0)}{x - 0} = \lim_{x \to 0} \frac{x^\alpha \sin \dfrac{1}{x}}{x} = \lim_{x \to 0} x^{\alpha-1} \sin \frac{1}{x}$$

存在.

又 $\lim\limits_{x \to 0} \sin \dfrac{1}{x}$ 不存在，故 $x^{\alpha-1}$ 必为 $x \to 0$ 时的无穷小，故 $\alpha - 1 > 0$，即 $\alpha > 1$.

10. 设 $y = y(x)$ 是由方程 $\mathrm{e}^{x+y} - \cos xy = 0$ 所确定的隐函数，则 $y'(0) = $ _____.

解法 1：方程两边同时对 x 求导，把 y 看成 x 的函数，得

$$\mathrm{e}^{x+y} \cdot (1 + y') + \sin xy \cdot (y + xy') = 0$$

$$\Rightarrow y' = \frac{-y \sin xy - \mathrm{e}^{x+y}}{x \sin xy + \mathrm{e}^{x+y}}$$

由 $\mathrm{e}^{x+y} - \cos xy = 0$ 知，当 $x = 0$ 时，则 $y = 0$，故

$$y'(0) = \left(\frac{-y \sin xy - \mathrm{e}^{x+y}}{x \sin xy + \mathrm{e}^{x+y}} \right) \Bigg|_{x=0, y=0} = -1$$

解法 2：方程两边同时对 x 求导，把 y 看成 x 的函数，得

$$\mathrm{e}^{x+y} \cdot (1 + y') + \sin xy \cdot (y + xy') = 0 \qquad \text{①}$$

由 $\mathrm{e}^{x+y} - \cos xy = 0$ 知，当 $x = 0$ 时，则 $y = 0$，代入式①得

$$\mathrm{e}^0 \cdot [1 + y'(0)] + 0 = 0$$

故

$$y'(0) = -1$$

二、单项选择题

1. 下列条件中,当 $\Delta x \to 0$ 时,使 $f(x)$ 在点 $x=x_0$ 处不可导的充分条件是(　　).

A. Δy 与 Δx 是等价无穷小量

B. Δy 与 Δx 是同阶无穷小量

C. Δy 是比 Δx 较高阶的无穷小量

D. Δy 是比 Δx 较低阶的无穷小量

解:对于选项 A,有 $f'(x_0) = \lim\limits_{\Delta x \to 0} \dfrac{\Delta y}{\Delta x} = 1 \Rightarrow$ 可导;

对于选项 B,有 $f'(x_0) = \lim\limits_{\Delta x \to 0} \dfrac{\Delta y}{\Delta x} = a \neq 0 \Rightarrow$ 可导;

对于选项 C,有 $f'(x_0) = \lim\limits_{\Delta x \to 0} \dfrac{\Delta y}{\Delta x} = 0 \Rightarrow$ 可导;

对于选项 D,有 $f'(x_0) = \lim\limits_{\Delta x \to 0} \dfrac{\Delta y}{\Delta x} = \infty \Rightarrow$ 不可导.

故选 D.

2. 下列结论错误的是(　　).

A. 如果函数 $f(x)$ 在点 $x=x_0$ 处连续,则 $f(x)$ 在点 $x=x_0$ 处可导

B. 如果函数 $f(x)$ 在点 $x=x_0$ 处不连续,则 $f(x)$ 在点 $x=x_0$ 处不可导

C. 如果函数 $f(x)$ 在点 $x=x_0$ 处可导,则 $f(x)$ 在点 $x=x_0$ 处连续

D. 如果函数 $f(x)$ 在点 $x=x_0$ 处不可导,则 $f(x)$ 在点 $x=x_0$ 处也可能连续

解:由可导与连续的关系可知

$$连续 \nRightarrow 可导$$

故选 A.

3. 设 $f(x) = \begin{cases} x^2 & x \leq 0 \\ x^{\frac{1}{3}} & x > 0 \end{cases}$,则 $f(x)$ 在点 $x=0$ 处(　　).

A. 左导数不存在,右导数存在

B. 右导数不存在,左导数存在

C. 左、右导数都存在

D. 左、右导数都不存在

解: $f'_{-}(0) = \lim\limits_{x \to 0^-} \dfrac{f(x) - f(0)}{x - 0} = \lim\limits_{x \to 0^-} \dfrac{x^2}{x} = 0$（或 $f'_{-}(0) = (x^2)' \big|_{x=0} = 2x \big|_{x=0} = 0$）

$$f'_{+}(0) = \lim\limits_{x \to 0^+} \dfrac{f(x) - f(0)}{x - 0} - \lim\limits_{x \to 0^+} \dfrac{x^{\frac{1}{3}}}{x} = \lim\limits_{x \to 0^+} x^{-\frac{2}{3}} = \lim\limits_{x \to 0^+} \dfrac{1}{\sqrt[3]{x^2}} = +\infty$$

（或 $f'_{+}(0) = (x^{\frac{1}{3}})' \big|_{x=0} = \left(\dfrac{1}{3} x^{-\frac{2}{3}} \right) \Big|_{x=0} = \left(\dfrac{1}{3\sqrt[3]{x^2}} \right) \Big|_{x=0} = +\infty$）

故选 B.

4. 曲线 $y = x^2 + 2x - 3$ 上切线斜率为 6 的点是(　　).

A. $(1,0)$　　　　B. $(-3,0)$　　　　C. $(2,5)$　　　　D. $(-2,-3)$

解:斜率 $k = 2x + 2$,令 $k = 6$ 得, $x = 2$,此时 $y = 5$.

故选 C.

5. 设曲线 $y = x^3 + ax$ 与曲线 $y = bx^2 + 1$ 在 $x = -1$ 处相切,则(　　).

A. $a = b = -1$　　　　B. $a = -1, b = 1$　　　　C. $a = b = 1$　　　　D. $a = 1, b = -1$

解:因为曲线 $y = x^3 + ax$ 与曲线 $y = bx^2 + 1$ 在 $x = -1$ 处相切,故两曲线在 $x = -1$ 处的切线的斜率相等,且都过横坐标为 -1 的点,则

$$\begin{cases} k_1 = (x^3 + ax)'\big|_{x=-1} = (3x^2 + a)\big|_{x=-1} = 3 + a = k_2 = (bx^2 + 1)'\big|_{x=-1} = (2bx)\big|_{x=-1} = -2b \\ -1 - a = b + 1 \end{cases} \Rightarrow a = b = -1$$

故选 A.

6. 设 $f'(a)$ 存在,则 $\lim\limits_{x \to a} \dfrac{xf(a) - af(x)}{x - a} = ($　　$)$.

A. $af'(a)$　　　　B. $f(a) - af'(a)$　　　　C. $-af'(a)$　　　　D. $af'(a) - f(a)$

解:$\lim\limits_{x \to a} \dfrac{xf(a) - af(x)}{x - a} = \lim\limits_{x \to a} \dfrac{-a[f(x) - f(a)] - af(a) + xf(a)}{x - a}$

$$= -a \lim\limits_{x \to a} \dfrac{f(x) - f(a)}{x - a} + \lim\limits_{x \to a} \dfrac{f(a)(x - a)}{(x - a)} = -af'(a) + f(a)$$

故选 B.

7. 设函数 $f(x)$ 在点 $x = 0$ 处连续,且 $\lim\limits_{x \to 0} \dfrac{f(x)}{x} = a (a \neq 0)$,则 $f(x)$ 在点 $x = 0$ 处(　　).

A. 可导且 $f'(0) = 0$　　　　　　　　B. 可导且 $f'(0) = a$

C. 不可导　　　　　　　　　　　　D. 不能断定是否可导

解:由 $\lim\limits_{x \to 0} x = 0$,$\lim\limits_{x \to 0} \dfrac{f(x)}{x} = a (a \neq 0)$ 可得

$$\lim\limits_{x \to 0} f(x) = 0$$

又 $f(x)$ 在点 $x = 0$ 处连续,故

$$\lim\limits_{x \to 0} f(x) = 0 = f(0)$$

故

$$f'(0) = \lim\limits_{x \to 0} \dfrac{f(x) - f(0)}{x - 0} = \lim\limits_{x \to 0} \dfrac{f(x)}{x} = a$$

故选 B.

8. 已知 $f(x) = (x - a)(x - b)(x - c)(x - d)$,且 $f'(x_0) = (c - a)(c - b)(c - d)$,则必有(　　).

A. $x_0 = a$　　　　B. $x_0 = b$　　　　C. $x_0 = c$　　　　D. $x_0 = d$

解:因为

$f'(x) = (x - b)(x - c)(x - d) + (x - a)(x - c)(x - d) + (x - a)(x - b)(x - d) + (x - a)(x - b)(x - c)$

且

$$f'(x_0) = (c - a)(c - b)(c - d)$$

可知 $x_0 = c$.

故选 C.

9. 设 $y = x^x$,则 $y'' = ($　　$)$.

A. $(1 + \ln x)x^x$　　　　　　　　　　B. $(1 + \ln x)^2 x^x$

C. $(1 + \ln x)x^x + x^{x-1}$　　　　　　D. $(1 + \ln x)^2 x^x + x^{x-1}$

解：$y = x^x = e^{x \ln x}$

$$y' = e^{x \ln x} \cdot \left(\ln x + x \cdot \frac{1}{x} \right) = e^{x \ln x}(1 + \ln x)$$

故

$$y'' = e^{x \ln x}(1 + \ln x) \cdot (1 + \ln x) + e^{x \ln x} \cdot \frac{1}{x} = x^x(1 + \ln x)^2 + x^{x-1}$$

故选 D.

10. 设 $f(x) = x(x+1)(x+2)(x+3)$，则 $f'(0) = ($ $).$

A. 6   B. 3   C. 2   D. 0

解：$f'(x) = (x+1)(x+2)(x+3) + x(x+2)(x+3) + x(x+1)(x+3) + x(x+1)(x+2)$

故 $f'(0) = 6.$

故选 A.

11. $y = \cos^2 2x$，则 $\mathrm{d}y = ($ $).$

A. $(\cos^2 2x)'(2x)'\mathrm{d}x$ B. $(\cos^2 2x)'\mathrm{d} \cos 2x$

C. $-2 \cos 2x \sin 2x \mathrm{d}x$ D. $2 \cos 2x \mathrm{d} \cos 2x$

解：令 $\cos 2x = u$，则 $y = u^2$，故

$$\mathrm{d}y = (u^2)'\mathrm{d}u = 2u\mathrm{d}u = 2 \cos 2x \mathrm{d} \cos 2x$$

故选 D.

12. 设函数 $y = f(x)$ 在点 $x = x_0$ 处可微，$\Delta y = f(x_0 + \Delta x) - f(x_0)$，则当 $\Delta x \to 0$ 时，必有
($).$

A. $\mathrm{d}y$ 是比 Δx 高阶的无穷小量

B. $\mathrm{d}y$ 是比 Δx 低阶的无穷小量

C. $\Delta y - \mathrm{d}y$ 是比 Δx 高阶的无穷小量

D. $\Delta y - \mathrm{d}y$ 是比 Δx 同阶的无穷小量

解：由可微的定义有

$$\Delta y = f'(x)\Delta x + \alpha(\Delta x) \cdot \Delta x = \mathrm{d}y + \alpha(\Delta x) \cdot \Delta x$$

其中，$\alpha(\Delta x)$ 是当 $\Delta x \to 0$ 时的无穷小.

对于选项 C，有

$$\lim_{\Delta x \to 0} \frac{\Delta y - \mathrm{d}y}{\Delta x} = \lim_{\Delta x \to 0} \frac{\alpha(\Delta x) \cdot \Delta x}{\Delta x} = \lim_{\Delta x \to 0} \alpha(\Delta x) = 0$$

故 $\Delta y - \mathrm{d}y$ 是比 Δx 高阶的无穷小量.

故选 C.

第4章

微分中值定理与导数的应用

一、内容提要

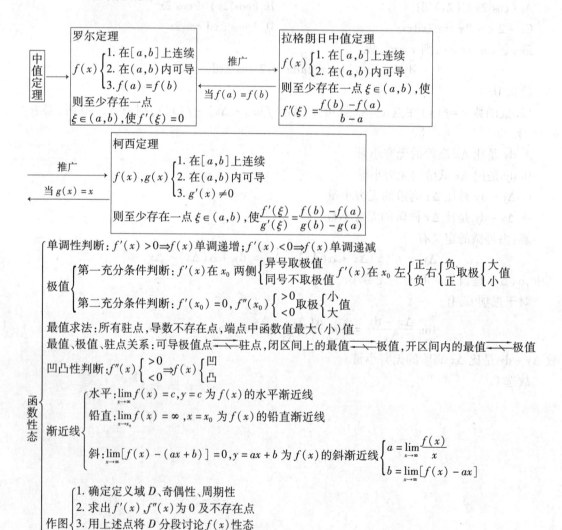

中值定理

罗尔定理
$f(x)$ $\begin{cases} 1.\text{在}[a,b]\text{上连续} \\ 2.\text{在}(a,b)\text{内可导} \\ 3.f(a)=f(b) \end{cases}$
则至少存在一点
$\xi\in(a,b),\text{使}f'(\xi)=0$

推广 →

当 $f(a)=f(b)$

拉格朗日中值定理
$f(x)$ $\begin{cases} 1.\text{在}[a,b]\text{上连续} \\ 2.\text{在}(a,b)\text{内可导} \end{cases}$
则至少存在一点 $\xi\in(a,b)$,使
$$f'(\xi)=\frac{f(b)-f(a)}{b-a}$$

推广 →

当 $g(x)=x$

柯西定理
$f(x),g(x)$ $\begin{cases} 1.\text{在}[a,b]\text{上连续} \\ 2.\text{在}(a,b)\text{内可导} \\ 3.g'(x)\ne 0 \end{cases}$
则至少存在一点 $\xi\in(a,b)$,使 $\dfrac{f'(\xi)}{g'(\xi)}=\dfrac{f(b)-f(a)}{g(b)-g(a)}$

函数性态

单调性判断:$f'(x)>0\Rightarrow f(x)$单调递增;$f'(x)<0\Rightarrow f(x)$单调递减

极值 $\begin{cases} \text{第一充分条件判断}:f'(x)\text{在}x_0\text{两侧} \begin{cases} \text{异号取极值} \\ \text{同号不取极值} \end{cases} f'(x)\text{在}x_0\text{左} \begin{cases} \text{正} \\ \text{负} \end{cases} \text{右} \begin{cases} \text{负} \\ \text{正} \end{cases} \text{取极} \begin{cases} \text{大值} \\ \text{小} \end{cases} \\ \text{第二充分条件判断}:f'(x_0)=0,f''(x_0) \begin{cases} >0 \\ <0 \end{cases} \text{取极} \begin{cases} \text{小值} \\ \text{大} \end{cases} \end{cases}$

最值求法:所有驻点,导数不存在点,端点中函数值最大(小)值

最值、极值、驻点关系:可导极值点 $\longrightarrow$ 驻点,闭区间上的最值 $\longrightarrow$ 极值,开区间内的最值 $\longrightarrow$ 极值

凹凸性判断:$f''(x) \begin{cases} >0 \\ <0 \end{cases} \Rightarrow f(x) \begin{cases} \text{凹} \\ \text{凸} \end{cases}$

渐近线 $\begin{cases} \text{水平}:\lim\limits_{x\to\infty}f(x)=c,y=c\text{为}f(x)\text{的水平渐近线} \\ \text{铅直}:\lim\limits_{x\to x_0}f(x)=\infty,x=x_0\text{为}f(x)\text{的铅直渐近线} \\ \text{斜}:\lim\limits_{x\to\infty}[f(x)-(ax+b)]=0,y=ax+b\text{为}f(x)\text{的斜渐近线} \begin{cases} a=\lim\limits_{x\to\infty}\dfrac{f(x)}{x} \\ b=\lim\limits_{x\to\infty}[f(x)-ax] \end{cases} \end{cases}$

作图 $\begin{cases} 1.\text{确定定义域}D\text{、奇偶性、周期性} \\ 2.\text{求出}f'(x),f''(x)\text{为}0\text{及不存在点} \\ 3.\text{用上述点将}D\text{分段讨论}f(x)\text{性态} \\ 4.\text{渐近线} \\ 5.\text{作图} \end{cases}$

二、学习重难点

1. 理解和掌握罗尔中值定理的条件和结论,会应用罗尔定理解题.
2. 理解和掌握拉格朗日中值定理的条件和结论,会应用拉格朗日定理解题.
3. 理解和掌握柯西中值定理的条件和结论,会简单应用柯西定理解题.
4. 掌握洛必达法则求未定式极限的方法.
5. 理解函数极值的概念,掌握用导数判断函数单调性和求函数极值的方法.
6. 掌握函数最大值和最小值的求法和简单应用.
7. 理解曲线的凹凸性,会用导数判断凹凸性及求曲线的拐点.
8. 会求曲线的水平、铅直和斜渐近线.
9. 会描绘函数的图形.
10. 掌握导数在经济学中的基本应用.

三、典型例题解析

【例 4.1】　证明方程 $1 + x + \dfrac{x^2}{2} + \dfrac{x^3}{6} = 0$ 有且仅有一个实根.

分析　本题主要考查罗尔中值定理的条件以及结论,借助于其条件和结论进行求解.

证明　设 $f(x) = 1 + x + \dfrac{x^2}{2} + \dfrac{x^3}{6}$,则

$$f(0) = 1 > 0, f(-2) = -\frac{1}{3} < 0$$

根据零点定理,则至少存在一个 $\xi \in (-2, 0)$,使得

$$f(\xi) = 0$$

另一方面,假设有 $x_1, x_2 \in (-\infty, +\infty)$,且 $x_1 < x_2$,使

$$f(x_1) = f(x_2) = 0$$

根据罗尔定理,存在 $\eta \in (x_1, x_2)$,使 $f'(\eta) = 0$,即

$$1 + \eta + \frac{1}{2}\eta^2 = 0$$

这与 $1 + \eta + \dfrac{1}{2}\eta^2 > 0$ 矛盾.

故方程 $1 + x + \dfrac{x^2}{2} + \dfrac{x^3}{6} = 0$ 只有一个实根.

【例 4.2】　当 $a > b > 0$ 时,$\dfrac{a-b}{a} < \ln \dfrac{a}{b} < \dfrac{a-b}{b}$.

分析　本题是一道证明双边不等式的问题,仔细观察不难发现,该不等式的函数满足拉格朗日定理的条件.

证明　设 $f(x) = \ln x$,则函数在区间 $[b, a]$ 上满足拉格朗日中值定理的条件,则有

$$f(a) - f(b) = f'(\xi)(a-b) \qquad b < \xi < a$$

因为 $f'(x) = \dfrac{1}{x}$,所以

$$\ln a - \ln b = \frac{1}{\xi}(a - b)$$

又因为 $0 < b < \xi < a$,所以

$$\frac{1}{a} < \frac{1}{\xi} < \frac{1}{b}$$

从而

$$\frac{a - b}{a} < \ln \frac{a}{b} < \frac{a - b}{b}$$

【例 4.3】 求极限 $\lim\limits_{x \to 0} \dfrac{2^x + 2^{-x} - 2}{x^2}$.

分析 本题容易判断出是 $\dfrac{0}{0}$ 型未定式,故使用洛必达法则.

解
$$\lim_{x \to 0} \frac{2^x + 2^{-x} - 2}{x^2} = \lim_{x \to 0} \frac{2^x \ln 2 - 2^{-x} \ln 2}{2x}$$
$$= \lim_{x \to 0} \frac{2^x (\ln 2)^2 + 2^{-x} (\ln 2)^2}{2} = (\ln 2)^2$$

【例 4.4】 求极限 $\lim\limits_{x \to 0^+} \left(\dfrac{1}{x}\right)^{\tan x}$.

解
$$\lim_{x \to 0^+} \left(\frac{1}{x}\right)^{\tan x} = \lim_{x \to 0^+} e^{\tan x \cdot \ln \frac{1}{x}} = e^{-\lim\limits_{x \to 0^+} \tan x \ln x} = e^{-\lim\limits_{x \to 0^+} \frac{\ln x}{\cot x}} = e^{-\lim\limits_{x \to 0^+} \frac{\frac{1}{x}}{-\csc^2 x}} = e^{\lim\limits_{x \to 0^+} \frac{\sin 2x}{x}} = e^{\lim\limits_{x \to 0^+} \sin x} = 1$$

【例 4.5】 当 $x > 1$ 时,证明 $\ln x > \dfrac{2(x - 1)}{x + 1}$.

分析 对于此类问题,通过构造函数,并借助函数的单调性来进行求解,要熟练掌握函数单调性与导数之间的关系.

证明 设 $f(x) = (x + 1)\ln x - 2(x - 1)$,则

$$f'(x) = \ln x + \frac{1}{x} - 1$$

由于当 $x > 1$ 时,则

$$f''(x) = \frac{1}{x} - \frac{1}{x^2} > 0$$

故 $f'(x)$ 在 $[1, +\infty)$ 单调递增,则:

当 $x > 1$ 时,有

$$f'(x) > f'(1) = 0$$

故 $f(x)$ 在 $[1, +\infty)$ 单调递增,

当 $x > 1$ 时,有

$$f(x) > f(1) = 0$$

故当 $x > 1$ 时,$f(x) = (x + 1)\ln x - 2(x - 1) > 0$,因此

$$\ln x > \frac{2(x - 1)}{x + 1}$$

【例 4.6】 试确定曲线 $y = ax^3 + bx^2 + cx + d$ 中的 a, b, c, d,使得 $x = -2$ 处曲线有水平切线,$(1, -10)$ 为拐点,且点 $(-2, 44)$ 在曲线上.

解 因为

$$y' = 3ax^2 + 2bx + c, y'' = 6ax + 2b$$

故

$$\begin{cases} 3a(-2)^2 + 2b \times (-2) + c = 0 \\ 6a + 2b = 0 \\ a + b + c + d = -10 \\ a(-2)^3 + b(-2)^2 + c(-2) + d = 44 \end{cases}$$

解得

$$a = 1, b = -3, c = -24, d = 16$$

【例4.7】 求函数 $y = 2x^3 + 3x^2 - 12x + 14$ 在 $[-3,4]$ 上的最大值与最小值.

解 因为

$$y(-3) = 23, \quad y(4) = 132$$

令 $y' = 6x^2 + 6x - 12 = 0$,得

$$x = 1, x = -2$$

而 $y(1) = 7, y(-2) = 34$,所以最大值为132,最小值为7.

【例4.8】 某服装有限公司确定,为卖出 x 套服装,其单价应为 $p = 150 - 0.5x$. 同时还确定,生产 x 套服装的总成本可表示为 $C(x) = 4\,000 + 0.25x^2$.

(1)求总收入 $R(x)$.

(2)求总利润 $L(x)$.

(3)为使利润最大化,公司必须生产并销售多少套服装?

(4)最大利润是多少?

(5)为实现这一最大利润,其服装的单价应定为多少?

分析 本题主要考察导数在经济学中的应用,要搞清楚经济学中的几个常见概念. 例如,收益 - 成本 = 利润,其次结合导数进行求解.

解 (1)总收入为

$$R(x) = x \cdot p = x(150 - 0.5x) = 150x - 0.5x^2$$

(2)总利润为

$$L(x) = R(x) - C(x) = (150x - 0.5x^2) - (4\,000 + 0.25x^2) = -0.75x^2 + 150x - 4\,000$$

(3)为求 $L(x)$ 的最大值,先求 $L'(x) = -1.5x + 150$.

解方程 $L'(x) = 0$,得 $x = 100$.

注意到 $L''(100) = -1.5 < 0$,因为只有一个驻点,所以 $L(100)$ 是最大值.

(4)最大利润为

$$L(100) = -0.75 \times 100^2 + 150 \times 100 - 4\,000 = 3\,500(元)$$

因此,公司必须生产并销售100套服装来实现3 500元的最大利润.

(5)实现最大利润所需单价为

$$p = 150 - 0.5 \times 100 = 100(元)$$

四、本章自测题

一、填空题

1. 若 $f(x) = x\sqrt{3-x}$ 在 $[0,3]$ 上满足罗尔定理的 ξ 值为_____.

2. 若 $\lim\limits_{x \to 0} \dfrac{\sin^2 x}{1 - \cos kx} = \dfrac{1}{2}$，则 $k = $ _____.

3. $a = $ _____，$b = $ _____ 时，点 $(1,3)$ 为 $y = ax^3 + bx^2$ 的拐点.

4. $e^x = x + 3$ 在 $(-\infty, +\infty)$ 内的实根的个数为 _____.

5. 函数 $f(x) = x - \ln(1 + x^2)$ 的单调递增区间是 _____，在 $[-1,1]$ 中最大值为 _____，最小值为 _____.

6. 函数 $f(x) = x^3(x-5)^2$ 的驻点为 _____，其极大值为 _____，极小值为 _____.

7. 若 $\lim\limits_{x \to 1} \dfrac{\ln x}{x - 1} = $ _____.

8. $y = \left(\dfrac{x+1}{x-1} \right)^x$ 的水平渐近线为 _____.

9. 设某商品的需求函数是 $Q = 10 - 0.2p$，则当价格 $p = 10$ 时，降价 10%，需求量将 _____.

10. 设某商品的需求函数为 $Q = 100 - 2p$，则当 $Q = 50$ 时，其边际收益为 _____.

二、单项选择题

1. 设 $f'(x) = (x-1)(2x+1)$，$(x \in \mathbf{R})$，则在 $\left(-\dfrac{1}{2}, \dfrac{1}{4} \right)$ 内 $f(x)$ 是（　　）.

A. 单调增加，图形凹　　　　　　　　B. 单调减少，图形凹

C. 单调增加，图形凸　　　　　　　　D. 单调减少，图形凸

2. 设函数 $f(x)$ 在 $[0,1]$ 上可导，$f'(x) > 0$ 并且 $f(0) < 0$，$f(1) > 0$，则 $f(x)$ 在 $(0,1)$ 内（　　）.

A. 至少有两个零点　　　　　　　　　B. 有且仅有一个零点

C. 没有零点　　　　　　　　　　　　D. 零点个数不能确定

3. 函数 $y = f(x)$ 在 $x = x_0$ 处取得极大值，则必有（　　）.

A. $f'(x_0) = 0$　　　　　　　　　　B. $f''(x_0) < 0$

C. $f'(x_0) = 0$ 且 $f''(x_0) < 0$　　　D. $f'(x_0) = 0$ 或不存在

4. 下列函数在给定区间上满足罗尔定理的是（　　）.

A. $f(x) = \dfrac{1}{x^2}, [-1,1]$　　　　　B. $f(x) = |x|, [-1,1]$

C. $f(x) = \ln x, [1, e]$　　　　　　　D. $f(x) = x^2, [-1,1]$

5. 函数 $f(x)$ 有连续二阶导数，且 $f(0) = 0$，$f'(0) = 1$，$f''(0) = -2$，则 $\lim\limits_{x \to 0} \dfrac{f(x) - x}{x^2} = $（　　）.

A. -1　　　　　　　B. 0　　　　　　　C. 不存在　　　　　　D. -2

6. 已知 $f(x)$ 在 $x = 0$ 的某个邻域内连续，且 $f'(0) = 0$，$\lim\limits_{x \to 0} \dfrac{f(x)}{1 - \cos x} = 2$，则在 $x = 0$ 处 $f(x)$（　　）.

A. 不可导　　　　　　　　　　　　　B. 可导且 $f'(0) \neq 0$

C. 取得极大值　　　　　　　　　　　D. 取得极小值

7. 设偶函数 $f(x)$ 具有连续二阶导数,且 $f''(0) \neq 0$,则 $x = 0$( ).

    A. 不是 $f(x)$ 的驻点   B. 一定是 $f(x)$ 的驻点

    C. 一定不是 $f(x)$ 的极值点   D. 是否为极值点不能确定

8. 设 $f(x) = -f(-x)$ 对一切 x 恒成立,且当 $x \in (0, +\infty)$ 时,有 $f'(x) > 0, f''(x) > 0$,则 $f(x)$ 在 $(-\infty, 0)$ 内一定有( ).

    A. $f'(x) < 0, f''(x) < 0$ B. $f'(x) < 0, f''(x) > 0$

    C. $f'(x) > 0, f''(x) < 0$ D. $f'(x) > 0, f''(x) > 0$

9. 设函数 $f(x)$ 在 $[a, b]$ 上有定义,在开区间 (a, b) 内可导,则( ).

    A. 当 $f(a)f(b) < 0$ 时,存在 $\xi \in (a, b)$,使 $f(\xi) = 0$

    B. 对任何 $\xi \in (a, b)$,有 $\lim\limits_{x \to \xi}[f(x) - f(\xi)] = 0$

    C. 当 $f(a) = f(b)$ 时,存在 $\xi \in (a, b)$,使 $f'(\xi) = 0$

    D. 存在 $\xi \in (a, b)$,使 $f(b) - f(a) = f'(\xi)(b - a)$

10. 设 $f(x) = |x(1-x)|$,则( ).

    A. $x = 0$ 是 $f(x)$ 的极值点,但 $(0, 0)$ 不是曲线 $y = f(x)$ 的拐点

    B. $x = 0$ 不是 $f(x)$ 的极值点,但 $(0, 0)$ 是曲线 $y = f(x)$ 的拐点

    C. $x = 0$ 是 $f(x)$ 的极值点,且 $(0, 0)$ 是曲线 $y = f(x)$ 的拐点

    D. $x = 0$ 不是 $f(x)$ 的极值点,$(0, 0)$ 也不是曲线 $y = f(x)$ 的拐点

11. 设生产的成本函数为 $C = ax + b$,则弹性 $E_x = ($).

    A. $\dfrac{ax}{ax+b}$ B. a C. $\dfrac{a}{x}$ D. $\dfrac{a}{ax+b}$

三、计算题

1. $\lim\limits_{x \to 0} \dfrac{\ln(1+2x)}{\sin 3x}$ 2. $\lim\limits_{x \to 0} \dfrac{\arctan x - x}{\ln(1+2x^3)}$

3. $\lim\limits_{x \to 0}\left(\dfrac{1}{x^2} - \dfrac{1}{x\tan x}\right)$ 4. $\lim\limits_{x \to -\infty} x\left(\dfrac{\pi}{2} + \arctan x\right)$

5. $\lim\limits_{x \to 0}\left[\dfrac{(1+x)^{\frac{1}{x}}}{e}\right]^{\frac{1}{x}}$ 6. $\lim\limits_{x \to 0}(1+x^2)^{\frac{1}{x}}$

四、应用题

1. 已知函数 $y = f(x)$,在 $(-\infty, +\infty)$ 上具有二阶连续的导数,且其一阶导函数 $f'(x)$ 的图形如图 4.1 所示,且 $f(-1) = 8, f(0) = 7, f(1) = 6, f(2) = 5, f(3) = 4$.

    则:

    (1) 函数 $f(x)$ 的驻点是_____;

    (2) 函数 $f(x)$ 的递增区间为_____;

    (3) 函数 $f(x)$ 的递减区间为_____;

    (4) 函数 $f(x)$ 的极大值为_____;

    (5) 函数 $f(x)$ 的极小值为_____;

    (6) 曲线 $y = f(x)$ 的凹区间为_____;

    (7) 曲线 $y = f(x)$ 的凸区间为_____;

    (8) $y = f(x)$ 的拐点为_____.

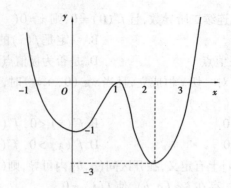

图 4.1

2. 一商家销售某商品,其销售量 Q(单位:吨)与销售价格 p(单位:万元/吨)有以下关系:$Q = 35 - 5p$,商品的成本函数为 $C = 3Q + 1$(万元).若销售 1 吨商品,政府要征税 a 万元.

(1)求边际利润函数;

(2)求商家获得最大利润(指交税后)时的销售量 Q;

(3)每吨税收 a 定为何值时,既能使商家获得最大利润,又能使政府征收的税收总额最大?

3. 已知 $f(x) = x^3 + ax^2 + bx + c$ 在 $x = 0$ 处有极大值 1,且有一拐点 $(1, -1)$,求 a, b, c 之值,且求 $f(x)$ 的单调区间、凹凸区间与极小值.

五、证明题

1. 证明:$\dfrac{x-1}{x+1} < \dfrac{1}{2}\ln x, (x > 1)$.

*2. 证明:当 $0 < x < \pi$ 时,有 $\sin \dfrac{x}{2} > \dfrac{x}{\pi}$.

3. 设 $f(x)$ 在 $[0,1]$ 上连续,在 $(0,1)$ 内可导,且 $f(1) = 0$. 证明:至少存在一个点 $\xi \in (0,1)$,使得 $f(\xi)\cos\xi + f'(\xi)\sin\xi = 0$.

*4. 设 $f(x)$ 在 $[0,1]$ 上连续,在 $(0,1)$ 内可导,且 $f(0) = f(1) = 0$, $f\left(\dfrac{1}{2}\right) = 1$. 证明:至少存在一个点 $\xi \in (0,1)$,使得 $f'(\xi) = 1$.

五、本章自测题题解

一、填空题

1. 2   2. ± 2 3. $-\dfrac{3}{2}; \dfrac{9}{2}$ 4. 2   5. $(-\infty, +\infty); f(1) = 1 - \ln 2; f(-1) =$

$-1 - \ln 2$ 6. $x_1 = 0, x_2 = 3, x_3 = 5; f(3) = 108; f(5) = 0$ 7. 1   8. $y = e^2$ 9. 增加

2.5%   10. 0

二、单项选择题

1. D   2. B   3. D   4. D   5. A   6. D   7. B   8. C   9. B   10. C

11. A

三、计算题

1. 解:原式 $= \lim\limits_{x \to 0} \dfrac{2x}{3x} = \dfrac{2}{3}$

2. 解：原式 $= \lim\limits_{x \to 0} \dfrac{\arctan x - x}{2x^3} = \lim\limits_{x \to 0} \dfrac{\dfrac{1}{1+x^2} - 1}{6x^2} = \lim\limits_{x \to 0} \dfrac{-x^2}{6x^2(1+x^2)} = -\dfrac{1}{6}$

3. 解：原式 $= \lim\limits_{x \to 0} \dfrac{\tan x - x}{x^2 \tan x} = \lim\limits_{x \to 0} \dfrac{\tan x - x}{x^3} = \lim\limits_{x \to 0} \dfrac{\sec^2 x - 1}{3x^2} = \lim\limits_{x \to 0} \dfrac{\tan^2 x}{3x^2} = \dfrac{1}{3}$

4. 解：原式 $= \lim\limits_{x \to \infty} \dfrac{\dfrac{\pi}{2} + \arctan x}{\dfrac{1}{x}} = \lim\limits_{x \to -\infty} \dfrac{\dfrac{1}{1+x^2}}{-\dfrac{1}{x^2}} = \lim\limits_{x \to -\infty} -\dfrac{x^2}{1+x^2} = -1$

5. 解：原式 $= \lim\limits_{x \to 0} \left[\dfrac{(1+x)^{\frac{1}{x}}}{e} \right]^{\frac{1}{x}} = e^{\lim\limits_{x \to 0} \frac{1}{x} \cdot \ln \frac{(1+x)^{\frac{1}{x}}}{e}} = e^{\lim\limits_{x \to 0} \frac{1}{x} \left[\ln(1+x)^{\frac{1}{x}} - \ln e \right]} = e^{\lim\limits_{x \to 0} \frac{\frac{1}{x} \ln(1+x) - 1}{x}} = e^{\lim\limits_{x \to 0} \frac{\ln(1+x) - x}{x^2}}$

$= e^{\lim\limits_{x \to 0} \frac{\frac{1}{1+x} - 1}{2x}} = e^{\lim\limits_{x \to 0} \frac{-1}{2(1+x)}} = e^{-\frac{1}{2}}$

6. 解：原式 $= e^{\lim\limits_{x \to 0} x^2 \cdot \frac{1}{x}} = e^0 = 1$

四、应用题

1. 解：(1) $x = -1, x = 1, x = 3$；

(2) $(-\infty, -1]$ 和 $[3, +\infty)$；

(3) $[-1, 3]$；

(4) $f(-1) = 8$；

(5) $f(3) = 4$；

(6) $[0, 1]$ 和 $[2, +\infty)$；

(7) $(-\infty, 0]$ 和 $[1, 2]$；

(8) $(0, 7), (1, 6), (2, 5)$.

2. 解：(1) 税后利润为

$$L(Q) = Qp - 3Q - 1 - aQ$$

又由 $Q = 35 - 5p$ 得

$$p = 7 - 0.2Q$$

故

$$L(Q) = Q(7 - 0.2Q) - 3Q - 1 - aQ$$
$$= -0.2$$

因此，边际利润为

$$L'(Q) = -0.4Q + 4 - a$$

(2) 令 $L'(Q) = 0$ 得

$$Q = 10 - 2.5a$$
$$L''(Q) = -0.4 < 0$$

故 $Q = 10 - 2.5a$（吨）时，所获利润最大.

(3) 征税总额为 $T = aQ$，而 Q 是厂家获利最大时的销售量，因此此时

$$Q = 10 - 2.5a$$
$$T = 10a - 2.5a^2$$
$$T' = 10 - 5a$$

令 $T'=0$ 得驻点 $a=2$,因为

$$T''=-5<0$$

故当 $a=2$ 万元时,征收税额最大.

3. 解:$f(0)=1$ $\qquad\Rightarrow\qquad c=1$

$\quad f'(x)=3x^2+2ax+b \qquad f'(0)=0 \qquad\Rightarrow\qquad b=0$

$\quad f''(x)=6x+2a \qquad\quad f''(1)=0 \qquad\Rightarrow\qquad a=-3$

$\quad$令 $f'(x)=3x^2-6x=3x(x-2)=0 \qquad\Rightarrow\qquad x=0,x=2$

$\quad$令 $f''(x)=6x-6=6(x-1)=0 \qquad\Rightarrow\qquad x=1$

故

$$f(x)=x^3-3x^2+1$$

为求单调区间、凹凸区间、极小值,列表4.1和表4.2.

表 4.1

x	$(-\infty,0)$	0	$(0,2)$	2	$(2,+\infty)$
$f'(x)$	+	0	−	0	+
$f(x)$	↗	极大值	↘	极小值	↗

表 4.2

x	$(-\infty,1)$	1	$(1,+\infty)$
$f''(x)$	−	0	+
$f(x)$	∩	拐点	∪

故

$$f_{极小值}=f(2)=-3$$

五、证明题

1. 证:设

$$f(x)=\frac{x-1}{x+1}-\frac{1}{2}\ln x$$

则

$$f'(x)=\frac{(x+1)-(x-1)}{(x+1)^2}-\frac{1}{2x}=\frac{2}{(x+1)^2}-\frac{1}{2x}=\frac{4x-(x+1)^2}{2x(x+1)^2}$$

$$=\frac{-(x-1)^2}{2x(x+1)^2}<0 \qquad (x>1)$$

故 $f(x)$ 在 $[1,+\infty)$ 上单调减少.

因此,当 $x>1$ 时,有

$$f(x)<f(1)$$

而 $f(1)=0$,故 $f(x)<0$,即

$$\frac{x-1}{x+1}<\frac{1}{2}\ln x$$

2. 证:设

$$f(x)=\sin\frac{x}{2}-\frac{x}{\pi}$$

则

$$f'(x) = \frac{1}{2}\cos\frac{x}{2} - \frac{1}{\pi}$$

$$f''(x) = -\frac{1}{4}\sin\frac{x}{2} < 0 \qquad (0 < x < \pi)$$

故函数 $f(x)$ 对应曲线在 $(0,\pi)$ 上是凸曲线.

又由于

$$f(0) = f(\pi) = 0$$

因此,当 $0 < x < \pi$ 时,有

$$f(x) > 0$$

即

$$\sin\frac{x}{2} > \frac{x}{\pi}$$

3. 证:记

$$F(x) = f(x)\sin x$$

因为 $f(x)$ 在 $[0,1]$ 上连续,在 $(0,1)$ 内可导.

故 $F(x) = f(x)\sin x$ 在 $[0,1]$ 上连续,在 $(0,1)$ 内可导,又

$$F(0) = f(0)\sin 0 = 0, F(1) = f(1)\sin 1 = 0$$

故由罗尔定理得至少存在一个点 $\xi \in (0,1)$,使得

$$F'(\xi) = 0$$

即

$$f(\xi)\cos\xi + f'(\xi)\sin\xi = 0$$

4. 证:作辅助函数

$$F(x) = f(x) - x$$

显然 $F(x)$ 在 $\left[\frac{1}{2},1\right]$ 上连续,在 $\left(\frac{1}{2},1\right)$ 内可导,且

$$F(1) = -1 < 0, F\left(\frac{1}{2}\right) = \frac{1}{2} > 0$$

由零点定理,存在点 $\eta \in \left(\frac{1}{2},1\right)$,使得

$$F(\eta) = 0$$

又由于 $F(0) = 0$,对 $F(x)$ 在 $[0,\eta]$ 上应用罗尔定理,存在点 $\xi \in (0,\eta) \subset (0,1)$ 使得

$$F'(\xi) = 0$$

即

$$f'(\xi) = 1$$

六、本章 B 组习题详解

一、填空题

1. 函数 $f(x) = x^3$ 在区间 $[0,2]$ 上满足拉格朗日中值定理条件,则定理中的 $\xi = \underline{\qquad}$.

解:显然 $f(x)=x^3$ 在区间 $[0,2]$ 上满足拉格朗日中值定理的条件,则至少存在一点 $\xi \in (0,2)$,使得

$$f'(\xi) = \frac{f(2)-f(0)}{2-0} = \frac{8}{2} = 4$$

而

$$f'(\xi) = 3\xi^2$$

故由

$$3\xi^2 = 4 \Rightarrow \xi = \pm \frac{2}{\sqrt{3}} = \pm \frac{2}{3}\sqrt{3}$$

而由 $\xi \in (0,2)$ 可知 $\xi = \frac{2}{3}\sqrt{3}$.

2. 函数 $f(x) = \ln\left(1+\frac{1}{x}\right) - \frac{1}{1+x}$ 在区间 $(0,+\infty)$ 内是单调_____的.

解:因为

$$f(x) = \ln\left(1+\frac{1}{x}\right) - \frac{1}{1+x} = \ln\frac{x+1}{x} - \frac{1}{1+x} = \ln(x+1) - \ln x - \frac{1}{1+x}$$

故

$$f'(x) = \frac{1}{x+1} - \frac{1}{x} + \frac{1}{(1+x)^2} = \frac{1}{(1+x)^2} - \frac{1}{x(1+x)} < 0 \quad (因为 x>0)$$

故函数 $f(x) = \ln\left(1+\frac{1}{x}\right) - \frac{1}{1+x}$ 在区间 $(0,+\infty)$ 内单调递减.

3. 设 $f(x) = e^{|x-3|}$,则 $f(x)$ 在区间 $[-5,5]$ 上的值域为_____.

解:因为

$$-5 \leq x \leq 5$$

故

$$-8 \leq x-3 \leq 2$$

故

$$0 \leq |x-3| \leq 8$$

而

$$e^0 \leq e^{|x-3|} \leq e^8$$

故 $f(x)$ 在区间 $[-5,5]$ 上的值域为 $[1,e^8]$.

4. 函数 $y = x^3 - 3x$ 的极大值点是_____,极小值点是_____.

解:令 $y' = 3x^2 - 3 = 0$,得

$$x = \pm 1$$

又 $y'' = 6x$,故

$$y''(-1) < 0, y''(1) > 0$$

因此由第二充分条件得,极大值点是 $x=-1$,极小值点是 $x=1$.

二、单项选择题

1. 下列函数在给定区间上满足罗尔定理条件的是( ).

A. $y = x^2 - 5x + 6, [2,3]$　　　　　　　　　　B. $y = \frac{1}{\sqrt{(x-1)^2}}, [0,2]$

C. $y = xe^{-x}$，$[0,1]$ D. $y = \begin{cases} x+1 & x<5 \\ 1 & x\geqslant5 \end{cases}$，$[0,2]$

解：对于选项 A，显然函数 $y = x^2 - 5x + 6$ 在区间 $[2,3]$ 上满足罗尔定理；

对于选项 B，函数 $y = \dfrac{1}{\sqrt{(x-1)^2}}$ 在 $x=1$ 处不连续，而 $1 \in [0,2]$；

对于选项 C，$y(0) \neq y(1)$；

对于选项 D，$y(0) \neq y(2)$.

故选 A.

2. 设函数 $f(x)$ 在开区间 (a,b) 内可导，$x_1, x_2 (x_1 < x_2)$ 是 (a,b) 内任意两点，则至少存在一点 ξ，使得（　　）式成立.

A. $f(b) - f(a) = f'(\xi)(b-a)$，$\xi \in (a,b)$

B. $f(b) - f(x_1) = f'(\xi)(b-x_1)$，$\xi \in (x_1,b)$

C. $f(x_2) - f(x_1) = f'(\xi)(x_2-x_1)$，$\xi \in (x_1,x_2)$

D. $f(x_2) - f(a) = f'(\xi)(x_2-a)$，$\xi \in (a,x_2)$

解：由题意得 $[x_1,x_2] \subset (a,b)$，而函数 $f(x)$ 在开区间 (a,b) 内可导，故函数 $f(x)$ 在 $[x_1,x_2]$ 上满足拉格朗日中值定理的条件.

故选 C.

3. 函数 $y = \dfrac{x}{1-x^2}$ 在 $(-1,1)$ 内（　　）

A. 单调增加   B. 单调减少

C. 有极大值   D. 有极小值

解：$y' = \dfrac{(1-x^2) - x \cdot (-2x)}{(1-x^2)^2} = \dfrac{1+x^2}{(1-x^2)^2} > 0 \quad (x \in (-1,1))$.

故选 A.

4. 函数 $y = f(x)$ 在 $x = x_0$ 处取得极大值，则必有（　　）.

A. $f'(x_0) = 0$ B. $f''(x_0) < 0$

C. $f'(x_0) = 0$ 且 $f''(x_0) < 0$ D. $f'(x_0) = 0$ 或 $f'(x_0)$ 不存在

解：根据极值点的必要条件，故选 D.

5. $f'(x_0) = 0, f''(x_0) > 0$ 是函数 $y = f(x)$ 在 $x = x_0$ 处取得极小值的一个（　　）.

A. 必要充分条件   B. 充分条件非必要条件

C. 必要条件非充分条件   D. 既非必要也非充分条件

解：$f'(x_0) = 0, f''(x_0) > 0 \Rightarrow y = f(x)$ 在 $x = x_0$ 处取得极小值；

$f'(x_0) = 0, f''(x_0) > 0 \nLeftarrow y = f(x)$ 在 $x = x_0$ 处取得极小值.

例如，对于函数 $y = x^4$，由第一充分条件易知，其在 $x=0$ 处取得极小值，但

$$f'(0) = 4x^3\big|_{x=0} = 0, \quad f''(0) = 12x^2\big|_{x=0} = 0$$

故选 B.

6. 设函数在开区间 (a,b) 内有 $f'(x_0) < 0$ 且 $f''(x_0) < 0$，则 $y = f(x)$ 在 (a,b) 内（　　）.

A. 单调增加，图形是凸的   B. 单调增加，图形是凹的

C. 单调递减，图形是凸的   D. 单调递减，图形是凹的

解：根据单调性和凸性的判定定理，故选 C.

7. "$f''(x_0) = 0$"是$f(x)$的图形在$x = x_0$处有拐点的( ).

A. 必要充分条件   B. 充分条件非必要条件

C. 必要条件非充分条件   D. 既非必要也非充分条件

解：$f''(x_0) = 0 \Rightarrow f(x)$的图形在$x = x_0$处有拐点；

$f''(x_0) = 0 \nLeftarrow f(x)$的图形在$x = x_0$处有拐点.

故选 D.

8. 设函数$f(x)$一阶连续可导，且$f(0) = f'(0) = 1$，则$\lim\limits_{x \to 0} \dfrac{f(x) - \cos x}{\ln f(x)} = ($ $)$.

A. 1   B. -1

C. 0   D. ∞

解：因为

$$f(0) = f'(0) = 1$$

故该极限是$\dfrac{0}{0}$型.

因此，有

$$\lim\limits_{x \to 0} \frac{f(x) - \cos x}{\ln f(x)} = \lim\limits_{x \to 0} \frac{f(x) - \cos x}{\ln[1 + f(x) - 1]} = \lim\limits_{x \to 0} \frac{f(x) - \cos x}{f(x) - 1} = \lim\limits_{x \to 0} \frac{f'(x) + \sin x}{f'(x)} = 1$$

故选 A.

第5章

不定积分

一、内容提要

$$
不定积分
\begin{cases}
定义: F(x) \text{为} f(x) \text{的一个原函数,则} f(x) \text{的全体原函数} F(x) + C \text{称为} f(x) \text{的不定积分,} \\
\qquad 记为 \int f(x)\mathrm{d}x = F(x) + C \\[2mm]
性质 \begin{cases} \left[\int f(x)\mathrm{d}x\right]' = f(x), 先积后导 = 被积函数 \\ \int f'(x)\mathrm{d}x = f(x) + C, 先微后积 = 被微函数 + C \end{cases} \\[4mm]
几何意义: \int f(x)\mathrm{d}x = F(x) + C, 一组切线处处平行的曲线族 \\[2mm]
计算 \begin{cases} 1. 基本积分表见教材基本积分公式 \\ 2. 线性运算: \int [a_1 f_1(x) + a_2 f_2(x)]\mathrm{d}x = a_1 \int f_1(x)\mathrm{d}x + a_2 \int f_2(x)\mathrm{d}x \\ 3. 换元积分法: \begin{cases} 凑微分: \int f[\varphi(x)]\varphi'(x)\mathrm{d}x = \int f[\varphi(x)]\mathrm{d}\varphi(x) = F[\varphi(x)] + C \\ 变量代换: \int f(x)\mathrm{d}x \xrightarrow{x=\varphi(t), t=\varphi^{-1}(x), \mathrm{d}x=\varphi'(t)\mathrm{d}t} \int f[\varphi(t)]\varphi'(t)\mathrm{d}t \\ \qquad\qquad = F(t) + C = F[\varphi^{-1}(x)] + C \end{cases} \\ 4. 分部积分法: \int uv'\mathrm{d}x = uv - \int u'v\mathrm{d}x, \int u\mathrm{d}v = uv - \int v\mathrm{d}u \end{cases} \\[2mm]
应用: 已知函数变化率 f'(x), 求该函数 f(x) = \int f'(x)\mathrm{d}x
\end{cases}
$$

(一)常见凑微分法

1. $\int f(ax+b)\mathrm{d}x = \dfrac{1}{a}\int f(ax+b)\mathrm{d}(ax+b)$

2. $\int f(x^{\alpha})x^{\alpha-1}\mathrm{d}x = \dfrac{1}{\alpha}\int f(x^{\alpha})\mathrm{d}(x^{\alpha})$

3. $\int \dfrac{f(\ln x)}{x}\mathrm{d}x = \int f(\ln x)\mathrm{d}(\ln x)$

4. $\int f(\sin x)\cos x\mathrm{d}x = \int f(\sin x)\mathrm{d}(\sin x)$

5. $\int f(\tan x)\sec^2 x\mathrm{d}x = \int f(\tan x)\mathrm{d}(\tan x)$

6. $\int \dfrac{f(\arcsin x)}{\sqrt{1-x^2}}\mathrm{d}x = \int f(\arcsin x)\mathrm{d}(\arcsin x)$

7. $\int \dfrac{f(\arctan x)}{1+x^2}\mathrm{d}x = \int f(\arctan x)\mathrm{d}(\arctan x)$

8. $\int f(\mathrm{e}^x)\mathrm{e}^x\mathrm{d}x = \int f(\mathrm{e}^x)\mathrm{d}(\mathrm{e}^x)$

（二）常见变量代换——三角代换法

1. $\int f(x^2+a^2)\mathrm{d}x \xrightarrow{x = a\tan t}$

2. $\int f(\sqrt{a^2-x^2})\mathrm{d}x \xrightarrow{x = a\sin t}$

3. $\int f(\sqrt{x^2-a^2})\mathrm{d}x \xrightarrow{x = a\sec t}$

（三）常见分部积分法

1. $\int x^n\mathrm{e}^{\alpha x}\mathrm{d}x = \dfrac{1}{\alpha}\int x^n\mathrm{d}(\mathrm{e}^{\alpha x})$

2. $\int x^n\sin \beta x\mathrm{d}x = -\dfrac{1}{\beta}\int x^n\mathrm{d}(\cos \beta x)$

3. $\int x^n\cos \gamma x\mathrm{d}x = \dfrac{1}{\gamma}\int x^n\mathrm{d}(\sin \gamma x)$

4. $\int x^n\ln x\mathrm{d}x = \dfrac{1}{n+1}\int \ln x\mathrm{d}(x^{n+1})$

5. $\int x^n\arcsin x\mathrm{d}x = \dfrac{1}{n+1}\int \arcsin x\mathrm{d}(x^{n+1})$

6. $\int x^n\arctan x\mathrm{d}x = \dfrac{1}{n+1}\int \arctan x\mathrm{d}(x^{n+1})$

7. $\int \mathrm{e}^{\alpha x}\sin \beta x\mathrm{d}x = \dfrac{1}{\alpha}\int \sin \beta x\mathrm{d}(\mathrm{e}^{\alpha x})\left[或 = -\dfrac{1}{\beta}\int \mathrm{e}^{\alpha x}\mathrm{d}(\cos \beta x) \right]$

二、学习重难点

1. 理解原函数的概念,掌握同一函数的不同原函数之间的关系.
2. 理解不定积分的概念,掌握不定积分的性质.
3. 掌握不定积分的基本公式.
4. 熟练掌握第一类换元积分法和第二类换元积分法.
5. 熟练掌握分部积分法.
6. 了解有理函数、三角函数有理式和简单无理函数的不定积分.
7. 了解积分表及其应用.

三、典型例题解析

【例5.1】 检验下列不定积分的正确性:

（1）$\int x\cos x\mathrm{d}x = x\sin x + C$ ；（2）$\int x\cos x\mathrm{d}x = x\sin x + \cos x + C$.

分析 本题直接应用求不定积分与求导数互为逆运算这一性质进行求解，便可判断出其正确与否.

解 （1）错误. 因为对等式的右端求导，其导函数不是被积函数，即

$$(x\sin x + C)' = x\cos x + \sin x + 0 \neq x\cos x$$

（2）正确. 因为

$$(x\sin x + \cos x + C)' = x\cos x + \sin x - \sin x + 0 = x\cos x$$

【例 5.2】 计算不定积分 $\int (1 - \sqrt[3]{x^2})^2\mathrm{d}x$.

分析 本题不能直接进行积分运算，要对被积函数进行化简，方可采用直接积分法进行计算.

解
$$\int (1 - \sqrt[3]{x^2})^2\mathrm{d}x = \int \left(1 - 2x^{\frac{2}{3}} + x^{\frac{4}{3}}\right)\mathrm{d}x = \int 1\mathrm{d}x - 2\int x^{\frac{2}{3}}\mathrm{d}x + \int x^{\frac{4}{3}}\mathrm{d}x$$

$$= x - 2 \times \frac{1}{\frac{2}{3} + 1}x^{\frac{2}{3} + 1} + \frac{1}{\frac{4}{3} + 1}x^{\frac{4}{3} + 1} + C$$

$$= x - \frac{6}{5}x^{\frac{5}{3}} + \frac{3}{7}x^{\frac{7}{3}} + C$$

【例 5.3】 求满足下列条件的 $F(x)$：

$$F'(x) = \frac{1 + x}{1 + \sqrt[3]{x}}, F(0) = 1$$

分析 本题先要通过化简，计算出 $F(x)$ 的表达式，再由 $F(0) = 1$ 这一条件确定出常数 C 的值，最终求出其确定表达式.

解 根据题设条件，有

$$F(x) = \int F'(x)\mathrm{d}x = \int \frac{1 + x}{1 + \sqrt[3]{x}}\mathrm{d}x = \int \frac{(1 + \sqrt[3]{x})(1 - \sqrt[3]{x} + \sqrt[3]{x^2})}{1 + \sqrt[3]{x}}\mathrm{d}x$$

$$= \int (1 - x^{\frac{1}{3}} + x^{\frac{2}{3}})\mathrm{d}x = x - \frac{3}{4}x^{\frac{4}{3}} + \frac{3}{5}x^{\frac{5}{3}} + C$$

又 $F(0) = 1$，得 $C = 1$. 故

$$F(x) = x - \frac{3}{4}x^{\frac{4}{3}} + \frac{3}{5}x^{\frac{5}{3}} + 1$$

【例 5.4】 求不定积分 $\int \frac{x^2 - 1}{x^4 + 1}\mathrm{d}x$.

分析 本题主要考查对第一类换元积分法即凑微分法的掌握. 对于被积函数，通过化简之后进行凑微分，再应用基本积分公式进行求解.

解
$$原式 = \int \frac{x^2 - 1}{x^4 + 1}\mathrm{d}x = \int \frac{1 - \frac{1}{x^2}}{x^2 + \frac{1}{x^2}}\mathrm{d}x = \int \frac{\mathrm{d}\left(x + \frac{1}{x}\right)}{\left(x + \frac{1}{x}\right)^2 - 2} = \frac{1}{2\sqrt{2}}\ln\left|\frac{x + \frac{1}{x} - \sqrt{2}}{x + \frac{1}{x} + \sqrt{2}}\right| + C$$

$$= \frac{1}{2\sqrt{2}}\ln\left|\frac{x^2 - \sqrt{2}x + 1}{x^2 + \sqrt{2}x + 1}\right| + C$$

【例 5.5】 求不定积分 $\int \sqrt{\dfrac{\ln(x + \sqrt{1 + x^2})}{1 + x^2}}\,\mathrm{d}x$.

解 因为

$$\left[\ln(x + \sqrt{1 + x^2})\right]' = \frac{1}{x + \sqrt{1 + x^2}}\left(1 + \frac{x}{\sqrt{1 + x^2}}\right) = \frac{1}{\sqrt{1 + x^2}}$$

它与被积函数分母相同,故

$$\text{原式} = \int \sqrt{\ln(x + \sqrt{1 + x^2})}\,\mathrm{d}\left[\ln(x + \sqrt{1 + x^2})\right] = \frac{2}{3}\left[\ln(x + \sqrt{1 + x^2})\right]^{\frac{3}{2}} + C$$

【例 5.6】 求 $\int \dfrac{1}{\sqrt{1 + \mathrm{e}^x}}\,\mathrm{d}x$.

分析 本题主要针对第二类换元积分法进行考查,通过未知数的替换、化简,最终进行求解.

解 令

$$t = \sqrt{1 + \mathrm{e}^x} \Rightarrow \mathrm{e}^x = t^2 - 1$$

$$x = \ln(t^2 - 1),\ \mathrm{d}x = \frac{2t\mathrm{d}t}{t^2 - 1}$$

$$\int \frac{1}{\sqrt{1 + \mathrm{e}^x}}\,\mathrm{d}x = \int \frac{2}{t^2 - 1}\,\mathrm{d}t = \int\left(\frac{1}{t - 1} - \frac{1}{t + 1}\right)\mathrm{d}t$$

$$= \ln\left|\frac{t - 1}{t + 1}\right| + C = 2\ln(\sqrt{1 + \mathrm{e}^x} - 1) - x + C$$

【例 5.7】 求不定积分 $\int \dfrac{x \arctan x}{\sqrt{1 + x^2}}\,\mathrm{d}x$.

分析 本题主要考查了换元积分法的基本步骤和基本方法.

解 因为

$$(\sqrt{1 + x^2})' = \frac{2x}{2\sqrt{1 + x^2}} = \frac{x}{\sqrt{1 + x^2}}$$

故

$$\int \frac{x \arctan x}{\sqrt{1 + x^2}}\,\mathrm{d}x = \int \arctan x\,\mathrm{d}\sqrt{1 + x^2} = \sqrt{1 + x^2}\arctan x - \int \sqrt{1 + x^2}\,\mathrm{d}(\arctan x)$$

$$= \sqrt{1 + x^2}\arctan x - \int \sqrt{1 + x^2} \cdot \frac{1}{1 + x^2}\,\mathrm{d}x$$

$$= \sqrt{1 + x^2}\arctan x - \int \frac{1}{\sqrt{1 + x^2}}\,\mathrm{d}x$$

对于 $\int \dfrac{1}{\sqrt{1 + x^2}}\,\mathrm{d}x$,用第二类换元法,得

$$\int \frac{1}{\sqrt{1 + x^2}}\,\mathrm{d}x \xlongequal{x = \tan t} \int \frac{1}{\sqrt{1 + \tan^2 t}}\sec^2 t\mathrm{d}t = \int \sec t\mathrm{d}t$$

$$= \ln(\sec t + \tan t) + C = \ln(x + \sqrt{1 + x^2}) + C$$

故

$$原式 = \sqrt{1+x^2}\arctan x - \ln(x+\sqrt{1+x^2}) + C$$

【例5.8】 已知 $f(x)$ 的一个原函数是 e^{-x^2}，求 $\int xf'(x)\mathrm{d}x$.

分析 本题主要考查分部积分法的基本步骤和基本方法，首先找到公式中的 $u(x)$ 和 $v(x)$，其次再按照其步骤进行计算.

解
$$\int xf'(x)\mathrm{d}x = \int x\mathrm{d}f(x) = xf(x) - \int f(x)\mathrm{d}x$$

根据题意 $\int f(x)\mathrm{d}x = e^{-x^2} + C$，再注意到 $\left(\int f(x)\mathrm{d}x\right)' = f(x)$，故
$$f(x) = -2xe^{-x^2}$$
故
$$\int xf'(x)\mathrm{d}x = xf(x) - \int f(x)\mathrm{d}x = -2x^2e^{-x^2} - e^{-x^2} + C$$

四、本章自测题

一、填空题

1. 若 $f(x)$ 的一个原函数是 $\ln x$，则 $f'(x) = $ _____，$\int f(x)\mathrm{d}x = $ _____.

2. 已知 $\int f(x)\mathrm{d}x = 2\cos\dfrac{x}{2} + C$，则 $f(x) = $ _____.

3. $\dfrac{\mathrm{d}}{\mathrm{d}x}\int f(x)\mathrm{d}(\arctan x) = $ _____.

4. $\int f(x)\mathrm{d}f(x) = $ _____.

5. 在积分曲线族 $y = \int\dfrac{1}{\sqrt{x}}\mathrm{d}x$ 中，过 $(1,3)$ 的曲线方程是_____.

6. $\mathrm{d}x = $ _____ $\mathrm{d}(3x+5)$，$\dfrac{1}{\sqrt{x}}\mathrm{d}x = $ _____ $\mathrm{d}\sqrt{x}$，$\dfrac{1}{x^2}\mathrm{d}x = $ _____ $\mathrm{d}\dfrac{1}{x}$，$x\mathrm{d}x = $ _____ $\mathrm{d}(1-x^2)$，$\dfrac{1}{9+x^2}\mathrm{d}x = $ _____ $\mathrm{d}\left(\arctan\dfrac{x}{3}\right)$.

7. $\int \sin x\cos x\,\mathrm{d}x = $ _____.

8. $\int e^{e^x+x}\mathrm{d}x = $ _____.

9. 已知 $f(x)$ 的一个原函数为 $\ln^2 x$，则 $\int xf'(x)\mathrm{d}x = $ _____.

10. $\int\dfrac{\ln x - 1}{x^2}\mathrm{d}x = $ _____.

11. 设函数 $f(x)$ 满足：$f'(\ln x) = 1-x$，$f(0)=0$，则 $f(x) = $ _____.

12. 已知曲线 $y=f(x)$ 过点 $(0,2)$，且其上任意点的斜率为 $\dfrac{1}{2}x+3e^x$，则该曲线方程为_____.

13. $\int \dfrac{1}{1+e^x} dx = $ _____.

*14. $\int \dfrac{\ln \sin x}{\sin^2 x} dx = $ _____（分部积分）.

二、单项选择题

1. $\int \dfrac{\ln x}{x} dx = ($ $)$.

A. $\dfrac{1}{2} x \ln^2 x + C$ B. $\dfrac{1}{2} \ln^2 x + C$

C. $\dfrac{\ln x}{x} + C$ D. $\dfrac{1}{x^2} - \dfrac{\ln x}{x^2} + C$

2. 若 $f(x)$ 为可导、可积函数,则下列正确的是(   ).

A. $\left[\int f(x) dx \right]' = f(x)$ B. $d\left[\int f(x) dx \right] = f(x)$

C. $\int f'(x) dx = f(x)$ D. $\int df(x) = f(x)$

3. 下列凑微分式中正确的是(   ).

A. $\sin 2x\, dx = d(\sin^2 x)$ B. $\dfrac{dx}{\sqrt{x}} = d(\sqrt{x})$

C. $\ln|x|\, dx = d\left(\dfrac{1}{x}\right)$ D. $\arctan x\, dx = d\left(\dfrac{1}{1+x^2}\right)$

4. 不定积分 $\int \left(\dfrac{1}{\sin^2 x} + 1 \right) d(\sin x) = ($ $)$.

A. $-\dfrac{1}{\sin x} + \sin x + C$ B $\dfrac{1}{\sin x} + \sin x + C$

C. $-\cot x + \sin x + C$ D. $\cot x + \sin x + C$

5. 若 $F(x), G(x)$ 均为 $f(x)$ 的原函数,则 $F'(x) - G'(x) = ($ $)$.

A. $f(x)$ B. 0 C. $F(x)$ D. $f'(x)$

6. $\int f(x) dx = e^x \cos 2x + C$,则 $f(x) = ($ $)$.

A. $e^x(\cos 2x - 2\sin 2x)$ B. $e^x(\cos 2x - 2\sin 2x) + C$

C. $e^x \cos 2x$ D. $-e^x \sin 2x$

7. 若 $f(x)$ 的导函数是 $\sin x$,则 $f(x)$ 有一个原函数为(   ).

A. $1 + \sin x$ B. $1 - \sin x$ C. $1 + \cos x$ D. $1 - \cos x$

8. 设 $f(x)$ 的一个原函数是 x^2,则 $\int x f(1 - x^2) dx = ($ $)$.

A. $2(1 - x^2)^2 + C$ B. $-2(1 - x^2)^2 + C$

C. $\dfrac{1}{2}(1 - x^2)^2 + C$ D. $-\dfrac{1}{2}(1 - x^2)^2 + C$

9. 设 $f(x) = \arcsin x$,则 $\int f'(\sin x) \cos x\, dx = ($ $)$.

A. $-x + C$ B. $x + C$

C. $\arccos x + C$ D. $\arcsin x + C$

10. 设 $f(x) = e^{-x}$，则 $\int f'(\ln x)\,\mathrm{d}x = ($ $)$.

A. $-\dfrac{1}{x} + C$ B. $-\ln x + C$ C. $\dfrac{1}{x} + C$ D. $\ln x + C$

11. 设 $I = \displaystyle\int \dfrac{x}{a+bx^2}\mathrm{d}x\,(ab \neq 0)$，则 $I = ($ $)$.

A. $\dfrac{1}{2}\ln|a+bx^2| + C$ B. $\dfrac{b}{2}\ln|a+bx^2| + C$

C. $\dfrac{1}{2b}\ln|a+bx^2| + C$ D. $\dfrac{1}{b}\ln|a+bx^2| + C$

*12. $\displaystyle\int \dfrac{1}{1+\cos x}\mathrm{d}x = ($ $)$.

A. $\tan x - \sec x + C$ B. $\cot x + \csc x + C$

C. $-\cot x + \csc x + C$ D. $\tan\left(\dfrac{x}{2} - \dfrac{\pi}{4}\right)$

三、计算题

1. $\displaystyle\int \left(x^2 - \dfrac{1}{x^2} + \dfrac{\sqrt{x}}{2}\right)\mathrm{d}x$ 2. $\displaystyle\int (x^2+1)^2\,\mathrm{d}x$

3. $\displaystyle\int \dfrac{1}{x^2(1+x^2)}\mathrm{d}x$ 4. $\displaystyle\int \tan^2 x\,\mathrm{d}x$

5. $\displaystyle\int \sec x(\sec x - \tan x)\,\mathrm{d}x$ 6. $\displaystyle\int 2^{2x}3^x\,\mathrm{d}x$

7. $\displaystyle\int \dfrac{1}{1+\sin x}\mathrm{d}x$ 8. $\displaystyle\int \dfrac{x^2}{x^2+1}\mathrm{d}x$

9. $\displaystyle\int (2-3x)^5\,\mathrm{d}x$ 10. $\displaystyle\int e^{3x}\,\mathrm{d}x$

11. $\displaystyle\int (x^2-3x+1)^{100}(2x-3)\,\mathrm{d}x$ 12. $\displaystyle\int \dfrac{1}{x\sqrt{1-\ln^2 x}}\mathrm{d}x$

13. $\displaystyle\int \dfrac{1}{\sqrt{x}}\sin\sqrt{x}\,\mathrm{d}x$ 14. $\displaystyle\int \dfrac{1}{\sqrt{x} + \sqrt[3]{x}}\mathrm{d}x$

15. $\displaystyle\int x\sqrt{2x+3}\,\mathrm{d}x$ 16. $\displaystyle\int \dfrac{1}{\sqrt{1-2x}+3}\mathrm{d}x$

17. $\displaystyle\int \dfrac{\sqrt{x^2-4}}{x}\mathrm{d}x$ 18. $\displaystyle\int \dfrac{1}{x^2\sqrt{1-x^2}}\mathrm{d}x$

19. $\displaystyle\int \ln x\,\mathrm{d}x$ 20. $\displaystyle\int \arcsin x\,\mathrm{d}x$

21. $\displaystyle\int x\ln x\,\mathrm{d}x$ 22. $\displaystyle\int x e^{-x}\,\mathrm{d}x$

23. $\displaystyle\int e^{\sqrt{x}}\,\mathrm{d}x$ 24. $\displaystyle\int x\cos 2x\,\mathrm{d}x$

四、应用题

1. 已知 $f(x)$ 的一个原函数为 $\dfrac{\sin x}{x}$，求 $\displaystyle\int x f'(x)\,\mathrm{d}x$.

2. 设 $F(x) = \int \dfrac{\sin x}{a \sin x + b \cos x}dx$, $G(x) = \int \dfrac{\cos x}{a \sin x + b \cos x}dx$, 求 $aF(x) + bG(x)$, $aG(x) - bF(x)$, $F(x)$, $G(x)$.

五、本章自测题题解

一、填空题

1. $-\dfrac{1}{x^2}$; $\ln x + C$　　2. $-\sin \dfrac{x}{2}$　　3. $\dfrac{f(x)}{1+x^2}$　　4. $\dfrac{1}{2}f^2(x) + C$　　5. $y = 2\sqrt{x} + 1$

6. $\dfrac{1}{3}$; 2 ; $-$; $-\dfrac{1}{2}$; $\dfrac{1}{3}$　　7. $\dfrac{1}{2}\sin^2 x + C$　　8. $\mathrm{e}^{\mathrm{e}^x} + C$　　9. $2\ln x - \ln^2 x + C$　　10. $\dfrac{-\ln x}{x} + C$

11. $f(x) = x - \mathrm{e}^x + 1$　　12. $y = \dfrac{1}{4}x^2 + 3\mathrm{e}^x - 1$　　13. $\ln \dfrac{\mathrm{e}^x}{\mathrm{e}^x + 1} + C$

14. $-\cot x(1 + \ln \sin x) - x + C$

二、单项选择题

1. B　　2. A　　3. A　　4. A　　5. B　　6. A　　7. B　　8. D　　9. B　　10. B

11. C　　12. C

三、计算题

1. 解:
$$原式 = \dfrac{1}{3}x^3 + \dfrac{1}{x} + \dfrac{1}{3}x^{\frac{3}{2}} + C$$

2. 解:
$$原式 = \int (x^4 + 2x^2 + 1)dx = \dfrac{1}{5}x^5 + \dfrac{2}{3}x^3 + x + C$$

3. 解:
$$原式 = \int \dfrac{1}{x^2(1+x^2)}dx = \int \left(\dfrac{1}{x^2} - \dfrac{1}{1+x^2} \right)dx = -\dfrac{1}{x} - \arctan x + C$$

4. 解:
$$原式 = \int \tan^2 x \, dx = \int (\sec^2 x - 1)dx = \tan x - x + C$$

5. 解:
$$原式 = \int \sec x(\sec x - \tan x)dx = \int (\sec^2 x - \sec x \tan x) \, dx = \tan x - \sec x + C$$

6. 解:
$$原式 = \int 2^{2x}3^x dx = \int 4^x 3^x dx = \int 12^x dx = \dfrac{12^x}{\ln 12} + C$$

7. 解:
$$原式 = \int \dfrac{1}{1 + \sin x}dx = \int \dfrac{1 - \sin x}{1 - \sin^2 x}dx = \int \dfrac{1 - \sin x}{\cos^2 x}dx$$
$$= \int \left(\dfrac{1}{\cos^2 x} - \dfrac{\sin x}{\cos^2 x} \right)dx = \tan x + \int \dfrac{1}{\cos^2 x}d \cos x = \tan x - \dfrac{1}{\cos x} + C$$

8. 解:
$$原式 = \int \dfrac{x^2 + 1 - 1}{x^2 + 1}dx = \int \left(1 - \dfrac{1}{x^2 + 1} \right)dx = x - \arctan x + C$$

9. 解:
$$原式 = \int (2 - 3x)^5 dx = -\dfrac{1}{3}\int (2 - 3x)^5 d(2 - 3x) = -\dfrac{1}{18}(2 - 3x)^6 + C$$

10. 解:
$$原式 = \int \mathrm{e}^{3x} dx = \int (\mathrm{e}^3)^x dx = \dfrac{(\mathrm{e}^3)^x}{3} + C$$

11. 解:
$$原式 = \int (x^2 - 3x + 1)^{100}(2x - 3)dx = \int (x^2 - 3x + 1)^{100}d(x^2 - 3x + 1)$$

$$= \frac{1}{101}(x^2 - 3x + 1)^{101} + C$$

12. 解：　　原式 $= \int \frac{1}{x\ \sqrt{1 - \ln^2 x}} \mathrm{d}x = \int \frac{1}{\sqrt{1 - \ln^2 x}} \mathrm{d}(\ln x) = \arcsin \ln x + C$

13. 解：　　　原式 $= \int \frac{1}{\sqrt{x}} \sin \sqrt{x}\, \mathrm{d}x = 2 \int \sin \sqrt{x}\, \mathrm{d}(\sqrt{x}) = -2 \cos \sqrt{x} + C$

14. 解：　　令 $x = t^6$，原式 $= \int \frac{1}{t^3 + t^2} \mathrm{d}t^6 = \int \frac{1}{t^3 + t^2} 6t^5 \mathrm{d}t = 6 \int \frac{t^3}{t + 1} \mathrm{d}t$

$$= 6 \int \frac{t^3 + 1 - 1}{t + 1} \mathrm{d}t = 6 \int \left(t^2 - t + 1 - \frac{1}{t + 1} \right) \mathrm{d}t$$

$$= 2t^3 - 3t^2 + 6t - 6 \ln(1 + t) + C$$

$$= 2\sqrt{x} - 3\sqrt[3]{x} + 6\sqrt[6]{x} - 6 \ln(1 + \sqrt[6]{x}) + C$$

15. 解：　　　　　令 $\sqrt{2x + 3} = t, x = \frac{t^2 - 3}{2}, \mathrm{d}x = t\mathrm{d}t$

$$原式 = \int x \sqrt{2x + 3}\, \mathrm{d}x = \int \frac{t^2 - 3}{2} t^2 \mathrm{d}t = \frac{1}{2} \int (t^4 - 3t^2)\, \mathrm{d}t$$

$$= \frac{1}{10} t^5 - \frac{1}{2} t^3 + C = \frac{1}{10}(2x + 3)^{\frac{5}{2}} - \frac{1}{2}(2x + 3)^{\frac{3}{2}} + C$$

16. 解：令

$$\sqrt{1 - 2x} = t, x = \frac{1 - t^2}{2}, \mathrm{d}x = -t\mathrm{d}t$$

$$原式 = \int \frac{1}{\sqrt{1 - 2x} + 3} \mathrm{d}x = -\int \frac{t}{t + 3} \mathrm{d}t = -\int \frac{t + 3 - 3}{t + 3} \mathrm{d}t = -\int \left(1 - \frac{3}{t + 3} \right) \mathrm{d}t$$

$$= -t + 3 \ln(t + 3) + C = -\sqrt{1 - 2x} + 3 \ln(\sqrt{1 - 2x} + 3) + C$$

17 解：令

$$x = 2 \sec t, \mathrm{d}x = 2 \sec t \tan t\mathrm{d}t$$

$$原式 = \int \frac{\sqrt{x^2 - 4}}{x} \mathrm{d}x = \int \frac{2 \tan t}{2 \sec t} 2 \sec t \tan t\mathrm{d}t = 2 \int \tan^2 t\mathrm{d}t$$

$$= 2 \int (\sec^2 t - 1)\, \mathrm{d}t = 2 \tan t - 2t + C = \sqrt{x^2 - 4} - 2 \arccos \frac{2}{x} + C$$

18 解：令

$$x = \sin t, \mathrm{d}x = \cos t\mathrm{d}t$$

$$原式 = \int \frac{1}{x^2 \sqrt{1 - x^2}} \mathrm{d}x = \int \frac{1}{\sin^2 t \cos t} \cos t\mathrm{d}t = \int \frac{1}{\sin^2 t} \mathrm{d}t = -\cot t + C = -\frac{\sqrt{1 - x^2}}{x} + C$$

19. 解：　　　　原式 $= \int \ln x\mathrm{d}x = x \ln x - \int x\mathrm{d} \ln x = x \ln x - x + C$

20. 解：　　原式 $= \int \arcsin x\mathrm{d}x = x \arcsin x - \int x\, \mathrm{d}\arcsin x = x\arcsin x - \int \frac{x}{\sqrt{1 - x^2}} \mathrm{d}x$

$$= x \arcsin x + \frac{1}{2} \int \frac{1}{\sqrt{1 - x^2}} \mathrm{d}(1 - x^2) = x \arcsin x + \sqrt{1 - x^2} + C$$

21. 解：原式 $= \int x \ln x\mathrm{d}x = \frac{1}{2} \int \ln x\mathrm{d}x^2 = \frac{1}{2}(x^2 \ln x - \int x^2 \mathrm{d} \ln x) = \frac{1}{2} x^2 \left(\ln x - \frac{1}{2} \right) + C$

22. 解： 原式 $= \int x e^{-x} dx = -\int x de^{-x} = -x e^{-x} + \int e^{-x} dx = -x e^{-x} - e^{-x} + C$

23. 解：令

$$\sqrt{x} = t$$

原式 $= \int e^{t} 2t dt = 2\int t de^{t} = 2te^{t} - 2e^{t} + C = 2\sqrt{x} e^{\sqrt{x}} - 2e^{\sqrt{x}} + C$

24. 解：原式 $= \frac{1}{2} \int x d \sin 2x = \frac{1}{2}\left(x \sin 2x - \int \sin 2x dx\right) = \frac{1}{2}\left(x \sin 2x + \frac{1}{2} \cos 2x\right) + C$

四、应用题

1. 解：依题意得

$$f(x) = \left(\frac{\sin x}{x}\right)' = \frac{x \cos x - \sin x}{x^2}, \int f(x) dx = \frac{\sin x}{x} + C$$

故

$$\int x f'(x) dx = \int x df(x) = x f(x) - \int f(x) dx = \frac{x \cos x - \sin x}{x} - \frac{\sin x}{x} + C = \frac{x \cos x - 2 \sin x}{x} + C$$

2. 解：$aF(x) + bG(x) = a\int \frac{\sin x}{a \sin x + b \cos x} dx + b \int \frac{\cos x}{a \sin x + b \cos x} dx$

$$= \int \frac{a \sin x + b \cos x}{a \sin x + b \cos x} dx = x + C_1$$

$$aG(x) - bF(x) = a \int \frac{\cos x}{a \sin x + b \cos x} dx - b \int \frac{\sin x}{a \sin x + b \cos x} dx$$

$$= \int \frac{a \cos x - b \sin x}{a \sin x + b \cos x} dx = \int \frac{1}{a \sin x + b \cos x} d(a \sin x + b \cos x)$$

$$= \ln|a \sin x + b \cos x| + C_2$$

$$F(x) = \frac{a[aF(x) + bG(x)] - b[aG(x) - bF(x)]}{a^2 + b^2} = \frac{ax - b \ln(a \sin x + b \cos x)}{a^2 + b^2} + C$$

$$G(x) = \frac{b[aF(x) + bG(x)] + a[aG(x) - bF(x)]}{a^2 + b^2} = \frac{bx + a \ln(a \sin x + b \cos x)}{a^2 + b^2} + C$$

六、本章 B 组习题详解

一、在下列各式等号右端的空白处填入适当的系数,使等式成立:

1. $dx = \underline{\dfrac{1}{a}} d(ax)$.

2. $dx = \underline{-\dfrac{1}{3}} d(7 - 3x)$.

3. $x dx = \underline{\dfrac{1}{2}} d(x^2)$.

4. $x dx = \underline{\dfrac{1}{10}} d(5x^2)$.

5. $x dx = \underline{-\dfrac{1}{2}} d(1 - x^2)$.

6. $x^3 dx = \underline{\dfrac{1}{20}} d(5x^4 - 2)$.

7. $e^{2x} dx = \underline{\dfrac{1}{2}} d(e^{2x})$.

8. $e^{\frac{x}{2}} dx = \underline{2} d(3 + e^{\frac{x}{2}})$.

9. $\sin \dfrac{3x}{2} dx = \underline{-\dfrac{2}{3}} d\left(\cos \dfrac{3x}{2}\right)$.

10. $\dfrac{dx}{x} = \underline{-\dfrac{1}{5}} d(4 - 5 \ln|x|)$.

11. $\dfrac{\mathrm{d}x}{\sqrt{1-x^2}} = \underline{\quad} \mathrm{d}(1-\arcsin x).$ 12. $\dfrac{x\mathrm{d}x}{\sqrt{1-x^2}} = \underline{\quad} \mathrm{d}(\sqrt{1-x^2}).$

二、填空题

1. 设 $\displaystyle\int xf(x)\mathrm{d}x = \sqrt{1+x^2}+C$,则 $f(x)=\underline{\quad\quad}$.

解:由不定积分的性质得

$$(\sqrt{1+x^2})' = \frac{2x}{2\sqrt{1+x^2}} = xf(x)$$

故

$$f(x) = \frac{1}{\sqrt{1+x^2}}$$

2. 设 $f(x-1)=x$,则 $\displaystyle\int f(x)\mathrm{d}x = \underline{\quad\quad}$.

解:因为

$$f(x-1) = x = (x-1)+1$$

故

$$f(x) = x+1$$

故

$$\int f(x)\mathrm{d}x = \int(x+1)\mathrm{d}x = \frac{1}{2}x^2+x+C$$

3. $f(x)$ 有一个原函数为 $g(x)$,则 $\displaystyle\int xf'(x)\mathrm{d}x = \underline{\quad\quad}$.

解:因为 $f(x)$ 有一个原函数为 $g(x)$,故

$$\int f(x)\mathrm{d}x = g(x)+C$$

又由分部积分公式得

$$\int xf'(x)\mathrm{d}x = \int x\mathrm{d}f(x) = xf(x) - \int f(x)\mathrm{d}x = xf(x)-g(x)+C$$

4. 已知 $f'(\ln x)=2x$,则 $f(x)=\underline{\quad\quad}$.

解法1:对 $f'(\ln x)=2x$ 中,令 $\ln x=t$,则 $x=\mathrm{e}^t$,故
$$f'(t) = 2\mathrm{e}^t$$

即

$$f'(x) = 2\mathrm{e}^x$$

故

$$f(x) = \int f'(x)\mathrm{d}x = \int 2\mathrm{e}^x\mathrm{d}x = 2\mathrm{e}^x+C$$

解法2: $f(x) = \displaystyle\int f'(x)\mathrm{d}x \xlongequal{x=\ln t} \int f'(\ln t)\mathrm{d}\ln t = \int 2t\cdot\frac{1}{t}\mathrm{d}t = 2t+C \xlongequal{t=\mathrm{e}^x} 2\mathrm{e}^x+C$

5. 若 $f'(\mathrm{e}^x)=1+\mathrm{e}^{2x}$,且 $f(0)=1$,则 $f(x)=\underline{\quad\quad}$.

解:由

$$f'(\mathrm{e}^x) = 1+\mathrm{e}^{2x} = 1+(\mathrm{e}^x)^2$$

故

$$f'(x) = 1 + x^2$$

则

$$f(x) = \int f'(x) \, dx = \int (1 + x^2) \, dx = x + \frac{1}{3}x^3 + C$$

又 $f(0) = 1$,故得 $C = 1$,则

$$f(x) = x + \frac{1}{3}x^3 + 1$$

注:本题也可仿照上题解法 2 进行求解,请读者自己练习.

三、单项选择题

1. 已知 $y' = 2x$,且 $x = 1$ 时 $y = 2$,则 $y = ($).

A. x^2 B. $x^2 + C$

C. $x^2 + 1$ D. $x^2 + 2$

解:由

$$y' = 2x \Rightarrow y = x^2 + C$$

又 $x = 1$ 时,$y = 2$,故得 $C = 1$.

故选 C.

2. $\int d \arcsin \sqrt{x} = ($).

A. $\arcsin \sqrt{x}$ B. $\arcsin \sqrt{x} + C$

C. $\arccos \sqrt{x}$ D. $\arccos \sqrt{x} + C$

解:由不定积分的性质

$$\int f'(x) \, dx = \int df(x) = f(x) + C$$

故选 B.

3. 设 $f'(x) = \sin x$,则下列选项是 $f(x)$ 的原函数的是(   ).

A. $1 + \sin x$ B. $1 - \sin x$

C. $1 - \cos x$ D. $1 + \cos x$

解:设 $F(x)$ 是 $f(x)$ 的一个原函数,则

$$F'(x) = f(x)$$

即

$$F''(x) = f'(x) = \sin x$$

对 4 个答案逐一验证是否满足 $F''(x) = \sin x$.

故选 B.

4. 设 $f'(\sin x) = \cos^2 x$,则 $\int f(x) \, dx = ($).

A. $\dfrac{x^2}{2} - \dfrac{1}{3}x^3 + C$ B. $\dfrac{x^2}{2} - \dfrac{x^4}{12} + C$

C. $\dfrac{x^2}{2} - \dfrac{1}{3}x^3 + C_1 x + C$ D. $\dfrac{x^2}{2} - \dfrac{1}{12}x^4 + C_1 x + C$

解:由

$$f'(\sin x) = \cos^2 x = 1 - \sin^2 x \Rightarrow f'(x) = 1 - x^2$$

故

$$f(x) = \int f'(x) \, dx = \int (1 - x^2) \, dx = x - \frac{1}{3}x^3 + C_1$$

故

$$\int f(x) \, dx = \int \left(x - \frac{1}{3}x^3 + C_1 \right) dx = \frac{1}{2}x^2 - \frac{1}{12}x^4 + C_1 x + C$$

故选 D.

5. 设 $F(x) = f(x) - \dfrac{1}{f(x)}$, $g(x) = f(x) + \dfrac{1}{f(x)}$, $F'(x) = g^2(x)$, 且 $f\left(\dfrac{\pi}{4}\right) = 1$, 则 $f(x) =$

(   ).

  A. $\tan x$ 　　　　　　　　　　　　　B. $\cot x$

  C. $\sin\left(x + \dfrac{\pi}{4} \right)$ 　　　　　　　　　D. $\cos\left(x - \dfrac{\pi}{4} \right)$

解:因为

$$F(x) = f(x) - \frac{1}{f(x)}, g(x) = f(x) + \frac{1}{f(x)}, F'(x) = g^2(x)$$

则

$$F'(x) = f'(x) + \frac{f'(x)}{f^2(x)} = g^2(x) = \left[f(x) + \frac{1}{f(x)} \right]^2 = f^2(x) + \frac{1}{f^2(x)} + 2$$

$$\Rightarrow f'(x) = f^2(x) + 1$$

即

$$\frac{df(x)}{dx} = f^2(x) + 1$$

$$\frac{df(x)}{f^2(x) + 1} = dx$$

两边积分得

$$\int \frac{df(x)}{f^2(x) + 1} = \int 1 dx \Rightarrow \arctan f(x) = x + C$$

又由 $f\left(\dfrac{\pi}{4}\right) = 1$ 得,$C = 0$,故

$$\arctan f(x) = x$$

则

$$f(x) = \tan x$$

故选 A.

6. 如果 $F(x)$ 是 $f(x)$ 的一个原函数,那么(   )也必是 $f(x)$ 的原函数(其中,$C \neq 0$ 且 $C \neq 1$).

  A. $C \cdot F(x)$ 　　　　　　　　　　　B. $F(Cx)$

  C. $F\left(\dfrac{x}{C} \right)$ 　　　　　　　　　　　D. $F(x) + C$

解:由于 $f(x)$ 的任意两个原函数之间只能相差一个常数,故选 D.

7. $\int x(x+1)^{10}\mathrm{d}x = ($　　$)$.

A. $\dfrac{1}{11}(x+1)^{11} + C$ 　　　　　　　　 B. $\dfrac{1}{2}x^2 - \dfrac{1}{11}(x+1)^{11} + C$

C. $\dfrac{1}{12}(x+1)^{12} - \dfrac{1}{11}(x+1)^{11} + C$ 　　　 D. $\dfrac{1}{12}(x+1)^{12} + \dfrac{1}{11}(x+1)^{11} + C$

解:

$$\int x(x+1)^{10}\mathrm{d}x = \int \left[(x+1)(x+1)^{10} - (x+1)^{10} \right]\mathrm{d}x$$

$$= \int (x+1)^{11}\mathrm{d}(x+1) - \int (x+1)^{10}\mathrm{d}(x+1)$$

$$= \frac{1}{12}(x+1)^{12} - \frac{1}{11}(x+1)^{11} + C$$

故选 C.

8. 设 $f'(\ln x) = 1 + x (x > 0)$, 则 $f(x) = ($　　$)$.

A. $\ln x + \dfrac{1}{2}(\ln x)^2 + C$ 　　　　　　 B. $x + \dfrac{1}{2}x^2 + C$

C. $x + \mathrm{e}^x + C$ 　　　　　　　　　　 D. $\mathrm{e}^x + \dfrac{1}{2}\mathrm{e}^{2x} + C$

解:对 $f'(\ln x) = 1 + x$ 中,令 $\ln x = t$,得 $x = \mathrm{e}^t$,则

$$f'(t) = 1 + \mathrm{e}^t$$

即

$$f'(x) = 1 + \mathrm{e}^x$$

故

$$f(x) = \int f'(x)\mathrm{d}x = \int(1 + \mathrm{e}^x)\mathrm{d}x = x + \mathrm{e}^x + C$$

故选 C.

9. 若 $\int \sin f(x)\mathrm{d}x = x\sin f(x) - \int \cos f(x)\mathrm{d}x$,且 $f(1) = 0$,则 $\int \sin f(x)\mathrm{d}x = ($　　$)$.

A. $x\sin\ln x - \cos\ln x + C$ 　　　　　 B. $x\sin\ln x + x\cos\ln x + C$

C. $\dfrac{x}{2}\sin\ln x - \dfrac{x}{2}\cos\ln x + C$ 　　　 D. $\dfrac{x}{2}\sin\ln x + \dfrac{x}{2}\cos\ln x + C$

解:对等式左边用分部积分公式,并与右边进行比较,则

$$\int \sin f(x)\mathrm{d}x = x\sin f(x) - \int x\mathrm{d}\sin f(x)$$

$$= x\sin f(x) - \int x\cos f(x) \cdot f'(x)\mathrm{d}x$$

$$= x\sin f(x) - \int \cos f(x)\mathrm{d}x$$

可知,$xf'(x) = 1$,故 $f'(x) = \dfrac{1}{x}$,即

$$f(x) = \ln x + C$$

又由 $f(1) = 0$ 知 $C = 0$. 故

$$\int \sin f(x)\,dx = \int \sin(\ln x)\,dx$$

$$\xlongequal[x=e^u]{\ln x = u} \int \sin u\,de^u = \sin u e^u - \int e^u d\sin u$$

$$= \sin u e^u - \int \cos u\,de^u$$

$$= \sin u e^u - \cos u e^u + \int e^u d\cos u$$

$$= \sin u e^u - \cos u e^u - \int \sin u e^u du$$

由于上式右端的第三项就是所求的积分 $\int \sin u\,de^u = \int \sin u e^u du$，把它移到等号左端去，再两端各除以 2，即有

$$\int \sin u e^u du = \frac{1}{2}\sin u e^u - \frac{1}{2}\cos u e^u + C$$

$$\xlongequal{u=\ln x} \frac{x}{2}\sin(\ln x) - \frac{x}{2}\cos(\ln x) + C$$

故选 C.

10. 若 $\int xf(x)\,dx = x^2 e^x + C$，则 $\int \dfrac{f(\ln x)}{x}dx = ($ $)$.

A. $x\ln x + C$ B. $x\ln x - x + C$

C. $3x + x\ln x + C$ D. $x + x\ln x + C$

解法 1：$\int \dfrac{f(\ln x)}{x}dx = \int f(\ln x)\,d\ln x \xlongequal{\ln x = u} \int f(u)\,du$

又由

$$\int xf(x)\,dx = x^2 e^x + C \Rightarrow xf(x) = (x^2 e^x)' = 2xe^x + x^2 e^x$$

故

$$f(x) = 2e^x + xe^x$$

故

$$\int \frac{f(\ln x)}{x}dx = \int f(\ln x)\,d\ln x \xlongequal{\ln x = u} \int f(u)\,du$$

$$= \int (2e^u + ue^u)\,du = 2e^u + \int u\,de^u$$

$$= 2e^u + ue^u - e^u + C = e^u + ue^u + C$$

$$\xlongequal{u=\ln x} e^{\ln x} + \ln x \cdot e^{\ln x} + C = x + x\ln x + C$$

故选 D.

解法 2：由

$$\int xf(x)\,dx = x^2 e^x + C \Rightarrow xf(x) = (x^2 e^x)' = 2xe^x + x^2 e^x$$

故

$$f(x) = 2e^x + xe^x$$

则
$$f(\ln x) = 2e^{\ln x} + \ln x \cdot e^{\ln x} = 2x + x \ln x$$

故

$$\int \frac{f(\ln x)}{x} dx = \int (2 + \ln x) dx = 2x + x \ln x - x + C = x \ln x + x + C$$

故选 D.

第 6 章

定积分

一、内容提要

定积分 {

定义：$\int_a^b f(x)\,dx = \lim\limits_{\Delta x \to 0} \sum\limits_{i=1}^{\infty} f(\xi_i)\Delta x_i \ (f(x) 在 [a,b] 上有界)$

性质 {

  可积函数类 {
闭区间上连续函数可积
闭区间上有界且只有有限个间断点的函数可积
}

  基本定理 {
$\left[\int_a^x f(t)\,dt\right]' = f(x),\ \left[\int_a^{\varphi(x)} f(t)\,dt\right]' = f[\varphi(x)]\varphi'(x),\ \int_a^b f(x)\,dx = F(b) - F(a)$
积分中值定理：$f(x)$ 在 $[a,b]$ 上连续，至少 $\exists \xi \in (a,b)$，使 $\int_a^b f(x)\,dx = f(\xi)(b-a)$
}

  $\int_a^a f(x)\,dx = 0,\ \int_a^b f(x)\,dx = -\int_b^a f(x)\,dx,\ \int_a^b dx = b - a$

  $\int_a^b [\alpha f(x) \pm \beta g(x)]\,dx = \alpha \int_a^b f(x)\,dx \pm \beta \int_a^b g(x)\,dx$

计算 {
$\int_a^b f(x)\,dx = F(x)\big|_a^b = F(b) - F(a),\ F'(x) = f(x)$
凑微分
变量代换
分部积分
}

应用 {

  几何上 {
平面图形的面积 $S = \int_a^b |f(x)|\,dx$
旋转体体积 $V_x = \int_a^b \pi f^2(x)\,dx,\ V_y = \int_c^d \pi \varphi^2(y)\,dy$
}

  经济上：已知边际函数求总函数 {
$C(x) = \int_0^x C'(t)\,dt + C_0$
$R(x) = \int_0^x R'(t)\,dt$
$L(x) = \int_0^x [R'(t) - C'(t)]\,dt - C_0$
}
}

广义积分 {

  定义 {
无穷限积分 $\int_a^{+\infty} f(x)\,dx = \lim\limits_{t \to +\infty} \int_a^t f(x)\,dx = F(x)\big|_a^{+\infty}$ { 存在 → 收敛 / 不存在 → 发散 }
瑕积分 $\int_a^b f(x)\,dx = \lim\limits_{t \to a^+} \int_t^b f(x)\,dx = F(x)\big|_{a^+}^b$ { 存在 → 收敛 / 不存在 → 发散 } $\quad \lim\limits_{x \to a^+} F(x) = \infty$
}

  敛散性 {
$\int_1^{+\infty} \dfrac{1}{x^p}\,dx$ { 收敛，$p > 1$，$\left(\dfrac{1}{p-1}\right)$ / 发散：$p \leqslant 1$ }
$\int_a^b \dfrac{1}{(x-a)^p}\,dx$ { 收敛，$p < 1$，$\left(\dfrac{(b-a)^{1-p}}{1-p}\right)$ / 发散，$p \geqslant 1$ }
}
}
}

二、学习重难点

1. 了解定积分的概念和几何意义.
2. 掌握定积分的性质.
3. 熟练掌握牛顿-莱布尼茨公式.
4. 会求变限积分的导数.
5. 熟练掌握计算定积分的换元积分公式和分部积分公式.
6. 了解反常积分收敛与发散的概念;掌握计算收敛反常积分的方法.
7. 会利用定积分计算平面图形的面积和旋转体的体积;会利用定积分求解一些简单的经济应用题.

三、典型例题解析

【例 6.1】 比较积分值 $\int_0^{-2} e^x dx$ 和 $\int_0^{-2} x dx$ 的大小.

解 令 $f(x)=e^x-x,x\in[-2,0]$,因为 $f(x)>0$
故
$$\int_{-2}^0 (e^x-x)\,dx>0$$
故
$$\int_{-2}^0 e^x dx>\int_{-2}^0 x dx$$
于是
$$\int_0^{-2} e^x dx<\int_0^{-2} x dx$$

【例 6.2】 设函数 $y=f(x)$ 由方程 $\int_0^{y^2} e^{t^2} dt+\int_x^0 \sin t dt=0$ 所确定. 求 $\dfrac{dy}{dx}$.

分析 本题要搞清楚变限积分的求导方法,以及复合函数的嵌套关系,这样便于我们进行求解.

解 在方程两边同时对 x 求导,则
$$\frac{d}{dx}\left(\int_0^{y^2} e^{t^2} dt\right)+\frac{d}{dx}\left(\int_x^0 \sin t dt\right)=0$$
于是
$$\frac{d}{dy}\left(\int_0^{y^2} e^{t^2} dt\right)\cdot\frac{dy}{dx}+\frac{d}{dx}\left(\int_x^0 \sin t dt\right)=0$$
即
$$e^{y^4}\cdot(2y)\cdot\frac{dy}{dx}+(-\sin x)=0$$
故
$$\frac{dy}{dx}=\frac{\sin x}{2ye^{y^4}}$$

【例 6.3】 求 $\int_{-2}^{2} \max\{x, x^2\} \mathrm{d}x$.

分析 对于本题来说,首先要画出这一阶段函数的图像,然后再分析不同阶段应该选取不同的函数表达式,最后利用定积分的性质进行分步求解.

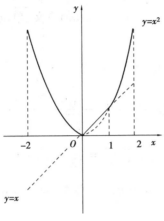

图 6.1

解 如图 6.1 所示,则

$$f(x) = \max\{x, x^2\} = \begin{cases} x^2, & -2 \leqslant x < 0 \\ x, & 0 \leqslant x < 1 \\ x^2, & 1 \leqslant x \leqslant 2 \end{cases}$$

故

$$\int_{-2}^{2} \max\{x, x^2\} \mathrm{d}x = \int_{-2}^{0} x^2 \mathrm{d}x + \int_{0}^{1} x \mathrm{d}x + \int_{1}^{2} x^2 \mathrm{d}x = \frac{11}{2}$$

【例 6.4】 计算 $\int_{0}^{\frac{\pi}{2}} \cos^4 x \sin x \mathrm{d}x$.

分析 本题主要应用换元积分法来计算定积分.

解 方法 1:令 $t = \cos x$,则

$$\mathrm{d}t = -\sin x \mathrm{d}x, x = \frac{\pi}{2} \Rightarrow t = 0, x = 0 \Rightarrow t = 1$$

故

$$\int_{0}^{\frac{\pi}{2}} \cos^4 x \sin x \mathrm{d}x = -\int_{1}^{0} t^4 \mathrm{d}t = \int_{0}^{1} t^4 \mathrm{d}t = \frac{t^5}{5}\bigg|_{0}^{1} = \frac{1}{5}$$

方法 2:本例中,如果不明显写出新变量 t,则定积分的上、下限就不变,计算为

$$\int_{0}^{\frac{\pi}{2}} \cos^4 x \sin x \mathrm{d}x = -\int_{0}^{\frac{\pi}{2}} \cos^4 x \mathrm{d}(\cos x) = -\frac{\cos^5 x}{5}\bigg|_{0}^{\frac{\pi}{2}} = -\left(0 - \frac{1}{5}\right) = \frac{1}{5}$$

【例 6.5】 计算 $\int_{-1}^{1} \frac{2x^2 + x \cos x}{1 + \sqrt{1-x^2}} \mathrm{d}x$.

解

$$原式 = \int_{-1}^{1} \underbrace{\frac{2x^2}{1 + \sqrt{1-x^2}} \mathrm{d}x}_{\text{偶函数}} + \int_{-1}^{1} \underbrace{\frac{x \cos x}{1 + \sqrt{1-x^2}} \mathrm{d}x}_{\text{奇函数}}$$

$$= 4 \int_0^1 \frac{x^2}{1 + \sqrt{1 - x^2}} dx = 4 \int_0^1 \frac{x^2 (1 - \sqrt{1 - x^2})}{1 - (1 - x^2)} dx$$

$$= 4 \int_0^1 (1 - \sqrt{1 - x^2}) dx = 4 - 4 \underbrace{\int_0^1 \sqrt{1 - x^2} dx}_{\text{几何意义:单位圆的面积}}$$

$$= 4 - \pi$$

【例 6.6】 计算 $\int_0^{\frac{1}{2}} \arcsin x dx$.

解 $\int_0^{\frac{1}{2}} \arcsin x dx = x \arcsin x \Big|_0^{\frac{1}{2}} - \int_0^{\frac{1}{2}} \frac{x dx}{\sqrt{1 - x^2}} = \frac{1}{2} \cdot \frac{\pi}{6} + \frac{1}{2} \int_0^{\frac{1}{2}} \frac{1}{\sqrt{1 - x^2}} d(1 - x^2)$

$$= \frac{\pi}{12} + \sqrt{1 - x^2} \Big|_0^{\frac{1}{2}} = \frac{\pi}{12} + \frac{\sqrt{3}}{2} - 1$$

【例 6.7】 计算广义积分 $\int_0^{+\infty} t e^{-pt} dt$ (p 是常数,且 $p > 0$ 时收敛).

解 $\int_0^{+\infty} t e^{-pt} dt = -\frac{1}{p} \int_0^{+\infty} t de^{-pt} = -\frac{1}{p} t e^{-pt} \Big|_0^{+\infty} + \frac{1}{p} \int_0^{+\infty} e^{-pt} dt$

$$= -\frac{1}{p} t e^{-pt} \Big|_0^{+\infty} - \frac{1}{p^2} e^{-pt} \Big|_0^{+\infty} = -\frac{1}{p} \lim_{t \to +\infty} t e^{-pt} + 0 - \frac{1}{p^2} (0 - 1)$$

$$= -\frac{1}{p} \lim_{t \to +\infty} \frac{t}{e^{pt}} + 0 - \frac{1}{p^2} (0 - 1) = -\frac{1}{p} \lim_{t \to +\infty} \frac{1}{p e^{pt}} + 0 - \frac{1}{p^2} (0 - 1)$$

$$= 0 + 0 - \frac{1}{p^2} (0 - 1) = \frac{1}{p^2}$$

【例 6.8】 计算 $\int_1^{+\infty} \frac{dx}{x \sqrt{1 + x^5 + x^{10}}}$.

解 分母的次数较高,可利用倒代换,令 $x = \frac{1}{t}$,则

$$\int_1^{+\infty} \frac{dx}{x \sqrt{1 + x^5 + x^{10}}} = \int_1^0 \frac{-t^4}{\sqrt{1 + t^5 + t^{10}}} dt = \int_0^1 \frac{t^4 dt}{\sqrt{1 + t^5 + t^{10}}}$$

再令 $u = t^5$,则

$$\int_0^1 \frac{t^4 dt}{\sqrt{1 + t^5 + t^{10}}} = \frac{1}{5} \int_0^1 \frac{du}{\sqrt{u^2 + u + 1}} = \frac{1}{5} \int_0^1 \frac{du}{\sqrt{\left(u + \frac{1}{2}\right)^2 + \frac{3}{4}}}$$

$$= \frac{1}{5} \ln\left(u + \frac{1}{2} + \sqrt{u^2 + u + 1}\right) \Big|_0^1 = \frac{1}{5} \ln\left(1 + \frac{2}{\sqrt{3}}\right)$$

四、本章自测题

一、填空题

1. 利用定积分的几何意义计算: $\int_0^1 2x dx = $ _____; $\int_0^1 \sqrt{1 - x^2} dx = $ _____.

2. $\frac{d}{dx} \left[\int_a^b f(x) dx \right] = $ _____; $\frac{d}{dx} \left[\int_x^0 \sqrt{1 + t^2} dx \right] = $ _____.

3. 若 $f(x)$ 在 $[a,b]$ 上连续,且 $\int_a^b f(x)\,dx=0$,则 $\int_{a-1}^{b-1} f(x+1)\,dx =$ _____.

4. $\lim\limits_{x\to 0}\dfrac{\int_0^{2x}\sin t\,dt}{x^2} =$ _____.

5. $\int_{-1}^3 |2-x|\,dx =$ _____.

6. $\int_{-\pi}^{\pi} x^3\sin^2 x\,dx =$ _____; $\int_{-\pi}^{\pi}\dfrac{\sin x\cos x}{\sqrt{1+a^2\sin^2 x+b^2\cos^2 x}}\,dx =$ _____.

7. 若 $\int_0^k (2x-3x^2)\,dx=0$,则 $k =$ _____.

8. 若 $f(x)$ 连续,且 $f(x)=x+2\int_0^1 f(x)\,dx$,则 $f(x) =$ _____.

9. 由 $f(x)=\begin{cases}\sin x & 0\leqslant x\leqslant 1 \\ x & x>1\end{cases}$,则 $\int_0^x f(t)\,dt =$ _____.

10. 曲线 $y=\sqrt{x}$ 与直线 $y=x-2$ 及 x 轴所围成的图形的面积为 _____.

11. 设 $f(x)=\int_0^x xe^{t^2}\,dt$,则 $\dfrac{d f(x)}{dx} =$ _____.

12. 若反常积分 $\int_0^{+\infty}\dfrac{k}{1+x^2}\,dx=1$,则常数 $k =$ _____.

二、单项选择题

1. $f(x)$ 在 $[a,b]$ 上连续是积分 $\int_a^b f(x)\,dx$ 存在的( )条件.

A. 充分   B. 必要   C. 充要   D. 既不充分也不必要

2. 下列积分可直接使用牛顿-莱布尼茨公式的有( ).

A. $\int_0^5 \dfrac{x^3}{x^2+1}\,dx$ B. $\int_{-1}^1 \dfrac{x}{\sqrt{1-x^2}}\,dx$ C. $\int_0^{+\infty} x\,dx$ D. $\int_{\frac{1}{e}}^e \dfrac{1}{x\ln x}\,dx$

3. 设 $\int_0^1 (2x+k)\,dx=2$,则 $k=$ ( ).

A. 0   B. 1   C. -1 D. 1/2

4. 由对称性,积分( )为 0.

A. $\int_{-1}^1 x\ln\dfrac{2+x}{2-x}\,dx$ B. $\int_{-\infty}^{+\infty}\dfrac{x}{\sqrt{1+x^2}}\,dx$ C. $\int_{-1}^1 \dfrac{1}{x^3}\,dx$ D. $\int_{-\pi}^{\pi}\sin^{101}x\,dx$

5. 设函数 $f(x)=\int_0^x (t-1)e^t\,dt$,则 $f(x)$ 有( ).

A. 极小值 $2-e$ B. 极小值 $e-2$ C. 极大值 $3-e$ D. 极大值 $e-2$

6. 下列结论中正确的是( ).

A. $\int_1^{+\infty}\dfrac{dx}{x(x+1)}$ 与 $\int_0^1\dfrac{dx}{x(x+1)}$ 都收敛   B. $\int_1^{+\infty}\dfrac{dx}{x(x+1)}$ 与 $\int_0^1\dfrac{dx}{x(x+1)}$ 都发散

C. $\int_1^{+\infty}\dfrac{dx}{x(x+1)}$ 发散,$\int_0^1\dfrac{dx}{x(x+1)}$ 收敛   D. $\int_1^{+\infty}\dfrac{dx}{x(x+1)}$ 收敛,$\int_0^1\dfrac{dx}{x(x+1)}$ 发散

7. $\int_{-1}^1 \dfrac{1}{x^3}\,dx=$ ( ).

A. 0   B. $\dfrac{1}{4}$ C. $\dfrac{1}{2}$ D. 发散

8. 定积分的值 $\displaystyle\int_1^e \ln x\, dx = ($ $)$.

A. 0   B. 1   C. e   D. $e+1$

9. 设函数 $f(x)$ 在闭区间 $[a,b]$ 上连续,且 $f(x)>0$,则方程 $\displaystyle\int_a^x f(t)\,dt + \int_b^x \dfrac{1}{f(t)}\,dt = 0$ 在开区间 (a,b) 内的根有(   ).

A. 0 个   B. 1 个   C. 2 个   D. 无穷多个

10. 反常积分 $\displaystyle\int_1^{+\infty} \dfrac{1}{x^p}\,dx ($).

A. 收敛   B. 发散   C. $p>1$ 时收敛   D. $p\geqslant 1$ 时收敛

11. 设 $M = \displaystyle\int_{-\frac{\pi}{2}}^{\frac{\pi}{2}} \dfrac{\sin x}{1+x^2}\,dx$, $N = \displaystyle\int_{-\frac{\pi}{2}}^{\frac{\pi}{2}} (\sin^3 x + \cos^4 x)\,dx$, $P = \displaystyle\int_{-\frac{\pi}{2}}^{\frac{\pi}{2}} (x^2\sin^3 x - \cos^4 x)\,dx$,则下列选项正确的是(   ).

A. $N<P<M$ B. $M<P<N$ C. $N<M<P$ D. $P<M<N$

12. $F(x) = \displaystyle\int_0^x \dfrac{1}{1+t^2}\,dt + \int_0^{1/x} \dfrac{1}{1+t^2}\,dt$, $(x\neq 0)$,则有(   ).

A. $F(x) \equiv 0$ B. $F(x) \equiv \dfrac{\pi}{2}$

C. $F(x) \equiv -\dfrac{\pi}{2}$ D. $F(x) \equiv \arctan x - \arctan \dfrac{1}{x}$

三、计算题

1. $\displaystyle\lim_{x\to 0} \dfrac{1}{x} \int_x^0 \dfrac{\sin t}{t}\,dt$

2. $\displaystyle\lim_{x\to 0} \dfrac{\displaystyle\int_0^x (e^t + e^{-t} - 2)\,dt}{1 - \cos x}$

3. $\displaystyle\lim_{x\to 0} \dfrac{\left(\displaystyle\int_0^x \sin t^2\,dt\right)^2}{\displaystyle\int_0^x t^2 \sin t^3\,dt}$

4. $\displaystyle\int_0^{2\pi} |\sin x|\,dx$

5. $\displaystyle\int_0^{\frac{\pi}{6}} 2\sin(-3x)\,dx$

6. $\displaystyle\int_{-2}^1 \dfrac{1}{(11+5x)^3}\,dx$

7. $\displaystyle\int_1^4 \dfrac{1}{\sqrt{x}} e^{\sqrt{x}}\,dx$

8. $\displaystyle\int_{-1}^1 (x + \sqrt{1-x^2})^2\,dx$

9. $\displaystyle\int_0^1 x e^x\,dx$

10. $\displaystyle\int_1^e x \ln x\,dx$

11. $\displaystyle\int_1^{e^2} \dfrac{(\ln x)^2}{x}\,dx$

12. $\displaystyle\int_{\frac{\pi}{6}}^{\frac{\pi}{3}} \tan^2 x\,dx$

13. $\displaystyle\int_0^1 x\sqrt{4-3x}\,dx$

14. $\displaystyle\int_1^e \sin(\ln x)\,dx$

15. $\displaystyle\int_1^{+\infty} \dfrac{1}{x(1+x^2)}\,dx$

16. $\displaystyle\int_1^{+\infty} \dfrac{\arctan x}{1+x^2}\,dx$

17. 已知 xe^x 为 $f(x)$ 的一个原函数, 求 $\int_0^1 xf'(x)\,\mathrm{d}x$.

*18. 求定积分 $\int_0^4 x(x-1)(x-2)(x-3)(x-4)\,\mathrm{d}x$.

*19. 已知 $f(x)$ 连续, 且 $\int_0^x tf(x-t)\,\mathrm{d}t = 1 - \cos x$, 求 $\int_0^{\frac{\pi}{2}} f(x)\,\mathrm{d}x$.

20. 已知 $2x\int_0^1 f(x)\,\mathrm{d}x + f(x) = \arctan x$, 求 $\int_0^1 f(x)\,\mathrm{d}x$.

21. 设 $f(1) = 1$, $f'(1) = 2$, $\int_0^1 f(x)\,\mathrm{d}x = 1$, 求 $\int_0^1 x^2 f''(x)\,\mathrm{d}x$.

四、应用题

1. 已知某产品的边际成本函数和边际收益函数分别为 $C'(Q) = 3 + \dfrac{1}{3}Q$(万元/百台), $R'(Q) = 7 - Q$(万元/百台).(1)固定成本 $C(0) = 1$ 万元, 求总成本函数、总收益函数和总利润函数;(2)当产量为多少时, 总利润最大? 最大总利润为多少?

2. 设平面图形由曲线 $y = \dfrac{3}{x}$ 和 $x + y = 4$ 围成.(1)求此平面图形的面积;(2)求此平面图形绕 x 轴旋转而成的体积.

3. 在曲线 $y = x^2$($x \geq 0$)上某点 A 处作一切线, 使之与曲线以及 x 轴所围成图形的面积为 $\dfrac{1}{12}$, 求:(1)切点 A 的坐标;(2)过切点 A 的切线方程.

4. 求曲线 $y = x^2 - 2x$, $y = 0$, $x = 1$, $x = 3$ 所围成的面积 S, 并求该平面图形绕 y 轴旋转的体积.

五、证明题

1. 设 $f(x)$ 在 $[-a, a]$($a > 0$)上连续, 证明: $\int_{-a}^a f(x)\,\mathrm{d}x = \int_0^a [f(x) + f(-x)]\,\mathrm{d}x$.

2. 设 $f(x) = \int_1^x \dfrac{\ln t}{1+t}\,\mathrm{d}t$($x > 0$), 证明: $f(x) + f\left(\dfrac{1}{x}\right) = \dfrac{1}{2}\ln^2 x$.

五、本章自测题题解

一、填空题

1. 1; $\dfrac{\pi}{4}$ 2. 0; $-\sqrt{1+x^2}$ 3. 0 4. 2 5. 5 6. 0;0 7. 0 或 1 8. $x - 1$

9. $\begin{cases} 1 - \cos x & x \in [0,1] \\ \dfrac{1}{2}(x^2 + 1) - \cos 1 & x > 1 \end{cases}$ 10. $\dfrac{10}{3}$ 11. $xe^{x^2} + \int_0^x e^{t^2}\,\mathrm{d}t$ 12. $\dfrac{2}{\pi}$

二、单项选择题

1. A   2. A   3. B   4. D   5. A   6. D   7. D   8. B   9. B   10. C
11. D   12. B

三、计算题

1. 解: 原式 $= \lim_{x \to 0} \dfrac{1}{x}\int_x^0 \dfrac{\sin t}{t}\,\mathrm{d}t = \lim_{x \to 0}\left(-\dfrac{\sin x}{x}\right) = -1$

2. 解：   原式 $= \lim\limits_{x \to 0} \dfrac{\int_0^x (e^t + e^{-t} - 2)\,dt}{1 - \cos x} = \lim\limits_{x \to 0} \dfrac{\int_0^x (e^t + e^{-t} - 2)\,dt}{\frac{1}{2}x^2} = \lim\limits_{x \to 0} \dfrac{e^x + e^{-x} - 2}{x}$

$$= \lim\limits_{x \to 0} \dfrac{e^x - e^{-x}}{1} = 0$$

3. 解：   原式 $= \lim\limits_{x \to 0} \dfrac{\left(\int_0^x \sin t^2\,dt\right)^2}{\int_0^x t^2 \sin t^3\,dt} = \lim\limits_{x \to 0} \dfrac{2\sin x^2 \int_0^x \sin t^2\,dt}{x^2 \sin x^3}$

$$= \lim\limits_{x \to 0} \dfrac{2\int_0^x \sin t^2\,dt}{x^3} = \lim\limits_{x \to 0} \dfrac{2\sin x^2}{3x^2} = \dfrac{2}{3}$$

4. 解：   原式 $= \int_0^{2\pi} |\sin x|\,dx = \int_0^{\pi} \sin x\,dx - \int_{\pi}^{2\pi} \sin x\,dx = -\cos x \big|_0^{\pi} + \cos x \big|_{\pi}^{2\pi} = 4$

5. 解：   原式 $= \int_0^{\frac{\pi}{6}} 2\sin(-3x)\,dx = \dfrac{-2}{3}\int_0^{\frac{\pi}{6}} \sin(-3x)\,d(-3x) = \dfrac{2}{3}\cos(-3x)\Big|_0^{\frac{\pi}{6}} = -\dfrac{2}{3}$

6. 解：原式 $= \int_{-2}^{1} \dfrac{1}{(11+5x)^3}\,dx = \dfrac{1}{5}\int_{-2}^{1} (11+5x)^{-3}\,d(11+5x) = -\dfrac{1}{10}(11+5x)^{-2}\Big|_{-2}^{1} = \dfrac{51}{512}$

7. 解：   原式 $= \int_1^4 \dfrac{1}{\sqrt{x}}e^{\sqrt{x}}\,dx = 2\int_1^4 e^{\sqrt{x}}\,d\sqrt{x} = 2e^{\sqrt{x}}\big|_1^4 = 2e(e-1)$

8. 解：   原式 $= \int_{-1}^{1} (x + \sqrt{1-x^2})^2\,dx = \int_{-1}^{1} (x^2 + 2x\sqrt{1-x^2} + 1 - x^2)\,dx$

$$= \int_{-1}^{1} (1 + 2x\sqrt{1-x^2}\,dx) = \int_{-1}^{1} 1\,dx + 0 = 2$$

9. 解：   原式 $= \int_0^1 xe^x\,dx = \int_0^1 x\,de^x = xe^x\Big|_0^1 - \int_0^1 e^x\,dx = e - (e-1) = 1$

10. 解：   原式 $= \int_1^e x\ln x\,dx = \dfrac{1}{2}\int_1^e \ln x\,dx^2 = \dfrac{1}{2}\left(x^2\ln x\Big|_1^e - \int_1^e x^2\,d\ln x\right)$

$$= \dfrac{1}{2}\left(e^2 - \dfrac{1}{2}x^2\Big|_1^e\right) = \dfrac{1}{4}(e^2 + 1)$$

11. 解：   原式 $= \int_1^{e^2} \dfrac{(\ln x)^2}{x}\,dx = \int_1^{e^2} (\ln x)^2\,d\ln x = \dfrac{1}{3}(\ln x)^3\Big|_1^{e^2} = \dfrac{8}{3}$

12. 解：   原式 $= \int_{\frac{\pi}{6}}^{\frac{\pi}{3}} \tan^2 x\,dx = \int_{\frac{\pi}{6}}^{\frac{\pi}{3}} (\sec^2 x - 1)\,dx = (\tan x - x)\Big|_{\frac{\pi}{6}}^{\frac{\pi}{3}}$

$$= \sqrt{3} - \dfrac{\pi}{3} - \left(\dfrac{\sqrt{3}}{3} - \dfrac{\pi}{6}\right) = \dfrac{2\sqrt{3}}{3} - \dfrac{\pi}{6}$$

13. 解：令

$$\sqrt{4 - 3x} = t, \quad x = \dfrac{4 - t^2}{3}, \quad dx = -\dfrac{2t}{3}\,dt$$

当 $x = 0$ 时，$t = 2$；$x = 1$ 时，$t = 1$，故

$$原式 = \int_2^1 \dfrac{4 - t^2}{3}t\left(-\dfrac{2t}{3}\right)dt = -\dfrac{2}{9}\int_2^1 (4t^2 - t^4)\,dt = -\dfrac{2}{9}\left(\dfrac{4}{3}t^3 - \dfrac{1}{5}t^5\right)\Big|_2^1 = \dfrac{94}{135}$$

14. 解:令
$$\ln x = t, x = e^t, dx = e^t dt$$
当 $x=1, t=0; x=e, t=1,$ 故

原式 $= \int_0^1 e^t \sin t\, dt = \int_0^1 \sin t\, de^t = e^t \sin t\Big|_0^1 - \int_0^1 e^t \cos t\, dt = e\sin 1 - \int_0^1 \cos t\, de^t$

$= e\sin 1 - \left(e^t\cos t\Big|_0^1 + \int_0^1 e^t\sin t\, dt\right) = e\sin 1 - e\cos 1 + 1 - \int_0^1 e^t\sin t\, dt$

$\Rightarrow \int_1^e \sin(\ln x)\, dx = \int_0^1 e^t\sin t\, dt = \frac{1}{2}(e\sin 1 - e\cos 1 + 1)$

15. 解: 原式 $= \int_1^{+\infty} \frac{1}{x(1+x^2)}dx = \int_1^{+\infty} \frac{x}{x^2(1+x^2)}dx = \frac{1}{2}\int_1^{+\infty} \frac{1}{x^2(1+x^2)}dx^2$

$= \frac{1}{2}\int_1^{+\infty}\left(\frac{1}{x^2} - \frac{1}{1+x^2}\right)dx^2 = \frac{1}{2}\ln\frac{x^2}{1+x^2}\Big|_1^{+\infty} = \frac{\ln 2}{2}$

16. 解: 原式 $= \int_1^{+\infty} \frac{\arctan x}{1+x^2}dx = \int_1^{+\infty} \arctan x\, d\arctan x = \frac{1}{2}\arctan^2 x\Big|_1^{+\infty}$

$= \frac{1}{2}\left(\frac{\pi^2}{4} - \frac{\pi^2}{16}\right) = \frac{3\pi^2}{32}$

17. 解:由题意得
$$f(x) = (xe^x)' = e^x + xe^x, \int_0^1 f(x)\, dx = xe^x\Big|_0^1 = e$$
故
$$\int_0^1 xf'(x)\, dx = \int_0^1 x\, df(x) = xf(x)\Big|_0^1 - \int_0^1 f(x)\, dx = e^x x(1+x)\Big|_0^1 - e = e$$

18. 解: 原式 $= \int_0^4 [(x-2)+2][(x-2)+1](x-2)[(x-2)-1][(x-2)-2]dx$

$= \int_0^4 [(x-2)^2-4][(x-2)^2-1](x-2)dx$

$= \int_0^4 [(x-2)^4 - 5(x-2)^2 + 4](x-2)dx$

$= \int_0^4 [(x-2)^5 - 5(x-2)^3 + 4(x-2)]d(x-2)$

$= \left[\frac{1}{6}(x-2)^6 - \frac{5}{4}(x-2)^4 + 2(x-2)^2\right]\Big|_0^4 = 0$

19. 解:令
$$x - t = u, t = x - u, dt = -du$$
当 $t=0, u=x; t=x, u=0,$ 故
$$\int_0^x tf(x-t)\, dt = \int_x^0 (u-x)f(u)\, du = \int_x^0 uf(u)\, du - x\int_x^0 f(u)\, du = 1 - \cos x$$
对最后一等式两边求导得
$$-xf(x) - \int_x^0 f(u)\, du + xf(x) = \sin x$$
故
$$\int_0^x f(u)\, du = \sin x, \int_0^{\frac{\pi}{2}} f(x)\, dx = 1$$

20.解： 假设 $\int_0^1 f(x)\mathrm{d}x = A$（$A$ 为常数），则由题意知

$$2Ax + f(x) = \arctan x$$

上式两端同时对 x 求 $[0,1]$ 上的定积分得

$$\int_0^1 \left[2Ax + f(x)\right]\mathrm{d}x = \int_0^1 \arctan x\,\mathrm{d}x$$

$$\Rightarrow 2A\int_0^1 x\,\mathrm{d}x + \int_0^1 f(x)\,\mathrm{d}x = x\arctan x \Big|_0^1 - \int_0^1 \frac{x}{1+x^2}\mathrm{d}x$$

$$\Rightarrow 2A\cdot\frac{1}{2}x^2\Big|_0^1 + A = \frac{\pi}{4} - \frac{1}{2}\int_0^1 \frac{1}{1+x^2}\mathrm{d}(x^2+1)$$

$$\Rightarrow 2A = \frac{\pi}{4} - \frac{1}{2}\ln(1+x^2)\Big|_0^1 = \frac{\pi}{4} - \frac{1}{2}\ln 2$$

故

$$A = \int_0^1 f(x)\,\mathrm{d}x = \frac{\pi}{8} - \frac{\ln 2}{4}$$

21.解：
$$\int_0^1 x^2 f''(x)\mathrm{d}x = \int_0^1 x^2\mathrm{d}f'(x) = x^2 f'(x)\Big|_0^1 - 2\int_0^1 x f'(x)\,\mathrm{d}x$$

$$= 2 - 2\int_0^1 x\,\mathrm{d}f(x) = 2 - 2x f(x)\Big|_0^1 + 2\int_0^1 f(x)\,\mathrm{d}x$$

$$= 2 - 2f(1) + 2\times1 = 2$$

四、应用题

1.解：（1）$C(Q) = \int_0^Q \left(3 + \frac{1}{3}Q\right)\mathrm{d}Q + C(0) = 3Q + \frac{1}{6}Q^2 + 1$

$$R(Q) = \int_0^Q (7-Q)\mathrm{d}Q = 7Q - \frac{1}{2}Q^2$$

$$L(Q) = R(Q) - C(Q) = 4Q - \frac{2}{3}Q^2 - 1$$

（2）$R'(Q) = C'(Q)$ 时总利润最大，即

$3 + \frac{1}{3}Q = 7 - Q$，$Q = 3$（百台）时，利润最大.

最大利润为 $L(3) = 3\times4 - \frac{2}{3}\times3^2 - 1 = 5$（万元）

2.解： 如图 6.2 所示.

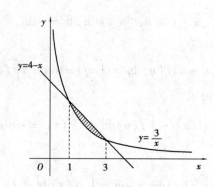

图 6.2

$$(1) S = \int_1^3 \left[(4-x) - \frac{3}{x} \right] dx = (4x - \frac{1}{2}x^2 - 3\ln x) \Big|_1^3$$
$$= 4 - 3\ln 3$$
$$(2) V_x = \pi \int_1^3 \left[(4-x)^2 - \left(\frac{3}{x}\right)^2 \right] dx = \pi \left[\frac{1}{3}(x-4)^3 + \frac{9}{x} \right] \Big|_1^3 = \frac{8}{3}\pi$$

3. 解:如图 6.3 所示.

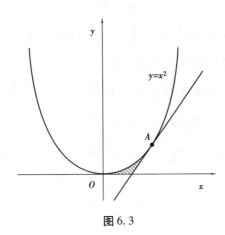

图 6.3

(1)设点 A 的坐标是 (a, a^2),且
$$y'(a) = 2a$$
则切线方程为
$$y = 2ax - a^2$$
故
$$S = \int_0^{a^2} \left[\left(\frac{1}{2}a + \frac{y}{2a}\right) - \sqrt{y} \right] dy = \frac{1}{12}a^3 = \frac{1}{12}$$
所以 $a = 1$,切点 A 的坐标为 $(1,1)$.

(2)过切点 A 的切线方程为
$$2x - y - 1 = 0$$

4. 解:如图 6.4 所示,则
$$S = S_1 + S_2$$

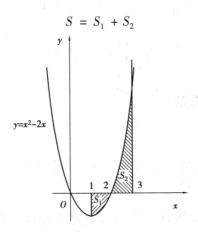

图 6.4

$$S_1 = \int_1^2 (2x - x^2)\,dx = \left(x^2 - \frac{1}{3}x^3\right)\Big|_1^2 = \frac{2}{3}$$

$$S_2 = \int_2^3 (x^2 - 2x)\,dx = \left(\frac{1}{3}x^3 - x^2\right)\Big|_2^3 = \frac{4}{3}$$

故

$$S = S_1 + S_2 = 2$$

或 $S = \int_1^3 |x^2 - 2x|\,dx = \int_1^2 (2x - x^2)\,dx + \int_2^3 (x^2 - 2x)\,dx = 2$

平面 S_1 绕 y 轴旋转一周所得旋转体体积为

$$V_1 = 2\pi \int_1^2 x|x^2 - 2x|\,dx = 2\pi \int_1^2 (2x^2 - x^3)\,dx = 2\pi \times \left(\frac{2}{3}x^3 - \frac{1}{4}x^4\right)\Big|_1^2 = \frac{11}{6}\pi$$

平面 S_2 绕 y 轴旋转一周所得旋转体体积为

$$V_2 = 2\pi \int_2^3 x|x^2 - 2x|\,dx = 2\pi \int_2^3 (x^3 - 2x^2)\,dx = 2\pi \times \left(\frac{1}{4}x^4 - \frac{2}{3}x^3\right)\Big|_2^3 = \frac{43}{6}\pi$$

因此,所求体积为

$$V = V_1 + V_2 = 9\pi$$

五、证明题

1. 证:左边 $= \int_{-a}^a f(x)\,dx = \int_{-a}^0 f(x)\,dx + \int_0^a f(x)\,dx$

令上式第一个积分式中 $x = -t$,得

$$上式 = -\int_a^0 f(-t)\,dt + \int_0^a f(x)\,dx = \int_0^a [f(x) + f(-x)]\,dx = 右边$$

得证.

2. 证:$f(x) + f\left(\frac{1}{x}\right) = \int_1^x \frac{\ln t}{1+t}\,dt + \int_1^{\frac{1}{x}} \frac{\ln t}{1+t}\,dt$

令上式第二个积分式中 $t = \frac{1}{u}$,得

$$上式 = \int_1^x \frac{\ln t}{1+t}\,dt + \int_1^x \frac{\ln \frac{1}{u}}{1+\frac{1}{u}}\left(-\frac{1}{u^2}\right)du = \int_1^x \frac{\ln t}{1+t}\,dt + \int_1^x \frac{\ln u}{u^2 + u}\,du$$

$$= \int_1^x \frac{t\ln t + \ln t}{t + t^2}\,dt = \int_1^x \frac{\ln t}{t}\,dt = \int_1^x \ln t\,d\ln t = \frac{1}{2}\ln^2 t\Big|_1^x = \frac{1}{2}\ln^2 x$$

六、本章 B 组习题详解

一、填空题

1. 函数 $f(x)$ 在 $[a,b]$ 上有界是 $f(x)$ 在 $[a,b]$ 上可积的_____条件,而 $f(x)$ 在 $[a,b]$ 上连续是 $f(x)$ 在 $[a,b]$ 上可积的_____条件.

解:因为有界 $\overset{\Rightarrow}{\Leftarrow}$ 可积,故函数 $f(x)$ 在 $[a,b]$ 上有界是 $f(x)$ 在 $[a,b]$ 上可积的<u>必要非充分</u>条件.

又因为连续 $\overset{\Rightarrow}{\underset{\Leftarrow}{}}$ 可积,故函数 $f(x)$ 在 $[a,b]$ 上连续是 $f(x)$ 在 $[a,b]$ 上可积的充分非必要条件.

2. 若 $\int_0^k (2x - 3x^2)\,\mathrm{d}x = 0$,则 $k = \underline{\qquad}$.

解:由

$$\int_0^k (2x - 3x^2)\,\mathrm{d}x = (x^2 - x^3)\,\Big|_0^k = k^2 - k^3 = 0$$

得

$$k = 0 \text{ 或 } k = 1$$

3. $\int_1^{+\infty} \dfrac{\arctan x}{1 + x^2}\,\mathrm{d}x = \underline{\qquad}$.

解: $\int_1^{+\infty} \dfrac{\arctan x}{1 + x^2}\,\mathrm{d}x = \int_1^{+\infty} \arctan x\,\mathrm{d}(\arctan x)$

$\qquad = \dfrac{1}{2}(\arctan x)^2\,\Big|_1^{+\infty} = \dfrac{1}{2}\left[\left(\dfrac{\pi}{2}\right)^2 - \left(\dfrac{\pi}{4}\right)^2\right] = \dfrac{3\pi^2}{32}$

4. $\int_1^4 \dfrac{1}{\sqrt{x}}\mathrm{e}^{\sqrt{x}}\,\mathrm{d}x = \underline{\qquad}$.

解: $\int_1^4 \dfrac{1}{\sqrt{x}}\mathrm{e}^{\sqrt{x}}\,\mathrm{d}x = 2\int_1^4 \mathrm{e}^{\sqrt{x}}\mathrm{d}\sqrt{x} = 2\mathrm{e}^{\sqrt{x}}\,\Big|_1^4 = 2(\mathrm{e}^2 - \mathrm{e}) = 2\mathrm{e}(\mathrm{e} - 1)$.

5. 若 $f(x)$ 连续,且 $f(x) = x + 2\int_0^1 f(x)\,\mathrm{d}x$,则 $f(x) = \underline{\qquad}$.

解:由于定积分 $\int_0^1 f(x)\,\mathrm{d}x$ 是一个常数,故不妨设

$$\int_0^1 f(x)\,\mathrm{d}x = A(A \text{ 为常数})$$

则

$$f(x) = x + 2A$$

对上式左右两端,同时求 $[0,1]$ 上的定积分,得

$$A = \int_0^1 f(x)\,\mathrm{d}x = \int_0^1 (x + 2A)\,\mathrm{d}x = \left(\dfrac{1}{2}x^2 + 2Ax\right)\Big|_0^1 = \dfrac{1}{2} + 2A$$

$$\Rightarrow A = -\dfrac{1}{2}$$

故

$$f(x) = x + 2A = x - 1$$

6. 位于曲线 $y = x\mathrm{e}^{-x}(0 < x < +\infty)$ 下方,x 轴上方无界区域的面积为 $\underline{\qquad}$.

解:根据定积分的几何意义得面积为

$$S = \int_0^{+\infty} x\mathrm{e}^{-x}\,\mathrm{d}x = -\int_0^{+\infty} x\mathrm{d}\mathrm{e}^{-x} = -x\mathrm{e}^{-x}\,\Big|_0^{+\infty} + \int_0^{+\infty} \mathrm{e}^{-x}\,\mathrm{d}x$$

$$= -x\mathrm{e}^{-x}\,\Big|_0^{+\infty} - \mathrm{e}^{-x}\,\Big|_0^{+\infty} = \lim_{x\to+\infty}(-x\mathrm{e}^{-x}) - \lim_{x\to+\infty}\mathrm{e}^{-x} + 1$$

$$= -\lim_{x\to+\infty}\dfrac{x}{\mathrm{e}^x} + 1 = -\lim_{x\to+\infty}\dfrac{1}{\mathrm{e}^x} + 1 = 1$$

7. 由曲线 $y = \sqrt{x}$、直线 $y = x - 2$ 及 x 轴所围平面图形的面积 $S = $ _____.

解:如图 6.5 所示,由定积分的几何意义得面积为

$$S = \int_0^2 (y + 2 - y^2) \, \mathrm{d}y = \left(\frac{1}{2}y^2 + 2y - \frac{1}{3}y^3 \right) \Big|_0^2 = \frac{10}{3}$$

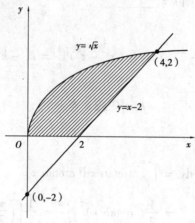

图 6.5

注:本题也可由

$$S = \int_0^2 \sqrt{x} \, \mathrm{d}x + \int_0^2 \left[\sqrt{x} - (x - 2) \right] \mathrm{d}x = \frac{10}{3}$$

计算求解,但较复杂,请读者自己练习.

8. 设 $f(x)$ 连续,$F(x) = \dfrac{x^2}{x - a} \displaystyle\int_a^x f(t) \, \mathrm{d}t$,则 $\lim\limits_{x \to a} F(x) = $ _____.

解:$\lim\limits_{x \to a} F(x) = \lim\limits_{x \to a} \dfrac{x^2 \displaystyle\int_a^x f(t) \, \mathrm{d}t}{x - a} = a^2 \lim\limits_{x \to a} \dfrac{\displaystyle\int_a^x f(t) \, \mathrm{d}t}{x - a} = a^2 \lim\limits_{x \to a} \dfrac{f(x)}{1} = a^2 f(a)$

二、单项选择题

1. $\displaystyle\int_{-1}^1 \frac{1}{x^3} \mathrm{d}x = ($ $).$

A. 0   B. $\dfrac{1}{4}$ C. $\dfrac{1}{2}$ D. 不存在

解:因为

$$\lim_{x \to 0} \frac{1}{x^3} = \infty$$

故 $x = 0$ 为该定积分的瑕点.

故先求

$$\int_0^1 \frac{1}{x^3} \mathrm{d}x = -\frac{1}{2x^2} \Big|_{0^+}^1 = -\frac{1}{2} + \lim_{x \to 0^+} \frac{1}{2x^2} = +\infty$$

发散.

因此,$\displaystyle\int_{-1}^1 \frac{1}{x^3} \mathrm{d}x$ 也发散.

故选 D.

2. 设函数 $f(x) = \int_0^x (t-1)e^t dt$, 则 $f(x)$ 有(   ).

A. 极小值 $e-2$ B. 极小值 $2-e$

C. 极大值 $3-e$ D. 极大值 $e-2$

解: 令 $f'(x) = (x-1)e^x = 0$, 得 $x=1$, 又

$$f''(x) = e^x + (x-1)e^x = xe^x$$

故

$$f''(1) = e > 0$$

因此, $x=1$ 时, 函数 $f(x)$ 有极小值.

极小值为

$$f(1) = \int_0^1 (t-1)e^t dt = \int_0^1 (te^t - e^t)dt = (te^t - 2e^t)\Big|_0^1 = -e - (-2) = 2-e$$

故选 B.

3. 设 $f(x)$ 是连续函数, $F(x)$ 是 $f(x)$ 的原函数, 则下列结论正确的是(   ).

A. 当 $f(x)$ 为偶函数时, $F(x)$ 必为奇函数

B. 当 $f(x)$ 为奇函数时, $F(x)$ 必为偶函数

C. 当 $f(x)$ 为周期函数时, $F(x)$ 必为周期函数

D. 当 $f(x)$ 为单调增函数时, $F(x)$ 必为单调减函数

解: 正确选项为 B. 记 $F(x) = \int_a^x f(t)dt$, a 为任意实数, 则

$$F'(x) = f(x)$$

且设 $f(-x) = -f(x)$, 则

$$F(x) - F(-x) = \int_a^x f(t)dt - \int_a^{-x} f(t)dt$$

又

$$\int_a^{-x} f(t)dt \xlongequal{t=-u} \int_{-a}^x f(-u)d(-u) = -\int_{-a}^x [-f(u)]du = \int_{-a}^x f(u)du = \int_{-a}^x f(t)dt$$

故

$$F(x) - F(-x) = \int_a^x f(t)dt - \int_{-a}^x f(t)dt = \int_a^x f(t)dt + \int_x^{-a} f(t)dt = \int_a^{-a} f(t)dt = 0$$

即

$$F(x) = F(-x)$$

故 $F(x)$ 为偶函数.

故选 B.

对于其他几个选项可用举反例的方法说明其不正确.

例如, $f(x) = x^4$ 为偶函数, $F(x) = \int_a^x t^4 dt = \frac{1}{5}x^5 - \frac{1}{5}a^5$. 当 $a \neq 0$ 时, $F(x)$ 不是奇函数.

又如, $f(x) = \sin x + 1$ 为周期函数, 而 $F(x) = -\cos x + x + C$ 不是周期函数.

再如, $f(x) = x$ 为单调函数, 而 $F(x) = \frac{1}{2}x^2 + C$ 不是单调函数了.

4. 设函数 $f(x) = \int_0^{1-\cos x} \sin t^2 dt$, $g(x) = \frac{x^5}{5} + \frac{x^6}{6}$, 则当 $x \to 0$ 时, $f(x)$ 是 $g(x)$ 的(   ).

A. 低阶无穷小   B. 高阶无穷小

C. 等价无穷小 　　　　　　　　　　　　D. 同阶无穷小,但不等价

解:
$$\lim_{x\to0}\frac{f(x)}{g(x)}=\lim_{x\to0}\frac{\int_0^{1-\cos x}\sin t^2\,dt}{\dfrac{x^5}{5}+\dfrac{x^6}{6}}=\lim_{x\to0}\frac{\sin(1-\cos x)^2\cdot\sin x}{x^4+x^5}=\lim_{x\to0}\frac{(1-\cos x)^2\cdot x}{x^4+x^5}$$

$$=\lim_{x\to0}\frac{\left(\dfrac{1}{2}x^2\right)^2\cdot x}{x^4+x^5}=\frac{1}{4}\lim_{x\to0}\frac{x}{1+x}=0$$

故当 $x\to0$ 时, $f(x)$ 是 $g(x)$ 的高阶无穷小.

故选 B.

5. 设 $f(x)=\sqrt{1-x^2}+x^2\displaystyle\int_0^1 f(x)\,dx$, 则(　　　　).

A. $f(x)=\sqrt{1-x^2}+\dfrac{3\pi}{8}x^2$ 　　　　　　B. $f(x)=\sqrt{1-x^2}+\dfrac{\pi}{8}x^2$

C. $f(x)=\sqrt{1-x^2}+\dfrac{\pi}{3}x^2$ 　　　　　　D. $f(x)=\sqrt{1-x^2}+\dfrac{\pi}{24}x^2$

解: 由于定积分 $\displaystyle\int_0^1 f(x)\,dx$ 是一个常数,故不妨设

$$\int_0^1 f(x)\,dx=A(A\text{ 为常数})$$

则

$$f(x)=\sqrt{1-x^2}+Ax^2$$

对上式左右两端,同时求 $[0,1]$ 上的定积分,得

$$A=\int_0^1 f(x)\,dx=\int_0^1\sqrt{1-x^2}\,dx+\int_0^1 Ax^2\,dx=\frac{\pi}{4}+\left(\frac{A}{3}x^3\right)\Big|_0^1=\frac{\pi}{4}+\frac{A}{3}$$

$$\Rightarrow A=\frac{3}{8}\pi$$

故

$$f(x)=\sqrt{1-x^2}+\frac{3}{8}\pi x^2$$

故选 A.

注: 对于定积分 $\displaystyle\int_0^1\sqrt{1-x^2}\,dx$ 可由几何意义计算求解,见教材例 6.15(1).

第7章

多元函数微积分

一、内容提要

二元函数 $z=f(x,y)$

极限
- 定义：$\lim\limits_{\substack{x\to x_0\\y\to y_0}}f(x,y)=A\Leftrightarrow$ 对 $\forall\varepsilon>0$，$\exists\delta>0$，当 $0<\sqrt{(x-x_0)^2+(y-y_0)^2}<\delta$，$|x-x_0|<\delta$，$|y-y_0|<\delta$；$(x,y)\neq(x_0,y_0)$，有 $|f(x,y)-A|<\varepsilon$
- 二重极限存在 $\Leftrightarrow(x,y)$ 沿任意方向趋近于 (x_0,y_0) 极限存在且相等 $\Leftrightarrow\lim\limits_{x\to x_0}\lim\limits_{y\to y_0}f(x,y)=\lim\limits_{y\to y_0}\lim\limits_{x\to x_0}f(x,y)$

连续：$f(x,y)$ 在 (x_0,y_0) 处连续
1. 在 (x_0,y_0) 有定义
2. $\lim\limits_{\substack{x\to x_0\\y\to y_0}}f(x,y)$ 存在
3. $\lim\limits_{\substack{x\to x_0\\y\to y_0}}f(x,y)=f(x_0,y_0)$

偏导数

定义：$f'_x(x_0,y_0)=\lim\limits_{\Delta x\to 0}\dfrac{f(x_0+\Delta x,y_0)-f(x_0,y_0)}{\Delta x}$，$f'_y(x_0,y_0)=\lim\limits_{\Delta y\to 0}\dfrac{f(x_0,y_0+\Delta y)-f(x_0,y_0)}{\Delta y}$

计算：$f'_x=\dfrac{\partial f}{\partial x}$，将 y 视为常数，对 x 求导；$f'_y=\dfrac{\partial f}{\partial y}$，将 x 视为常数，对 y 求导

复合函数链式法则
- $z=f(u,v)$，$u=u(x)$，$v=v(x)$，$\dfrac{\mathrm{d}z}{\mathrm{d}x}=\dfrac{\partial z}{\partial u}\cdot\dfrac{\mathrm{d}u}{\mathrm{d}x}+\dfrac{\partial z}{\partial v}\cdot\dfrac{\mathrm{d}v}{\mathrm{d}x}$
- $z=f(u,v)$，$u=u(x,y)$，$v=v(x,y)$，$\dfrac{\partial z}{\partial x}=\dfrac{\partial z}{\partial u}\cdot\dfrac{\partial u}{\partial x}+\dfrac{\partial z}{\partial v}\cdot\dfrac{\partial v}{\partial x}$，$\dfrac{\partial z}{\partial y}=\dfrac{\partial z}{\partial u}\cdot\dfrac{\partial u}{\partial y}+\dfrac{\partial z}{\partial v}\cdot\dfrac{\partial v}{\partial y}$

隐函数求导：$F(x,y,z)$，$z=f(x,y)$
$$\dfrac{\partial F}{\partial x}+\dfrac{\partial F}{\partial z}\cdot\dfrac{\partial z}{\partial x}=0\Rightarrow\dfrac{\partial z}{\partial x}=-\dfrac{F'_x}{F'_z}$$
$$\dfrac{\partial F}{\partial y}+\dfrac{\partial F}{\partial z}\cdot\dfrac{\partial z}{\partial y}=0\Rightarrow\dfrac{\partial z}{\partial y}=-\dfrac{F'_y}{F'_z}$$

应用：求极值

无条件极值：令 $\begin{cases}f'_x=0\\f'_y=0\end{cases}$ 得驻点 (x_0,y_0)
- $\Delta<0$，$\begin{cases}A<0\Rightarrow\text{极大值点}\\A>0\Rightarrow\text{极小值点}\end{cases}$
- $\Delta>0$，不取极值
- $\Delta=0$，不定
- $A=f''_{xx}$，$B=f''_{xy}$，$C=f''_{yy}$，$\Delta=B^2-AC$

条件极值：$z=f(x,y)$ 在 $\phi(x,y)=0$ 条件下的极值，拉格朗日乘数法
1. 作拉格朗日函数：$F(x,y,\lambda)=f(x,y)+\lambda\phi(x,y)$
2. 由 $\begin{cases}F'_x=0\\F'_y=0\\F'_\lambda=0\end{cases}$ 得驻点
3. 判断极值点 $\xrightarrow{\text{唯一}}$ 最值点

$$\text{全微分}\begin{cases}\text{定义}:\Delta z = A\Delta x + B\Delta y + o(\alpha),\text{称}f(x,y)\text{可微},A\Delta x + B\Delta y\text{为全微分}\\\text{计算}:dz = f_x'dx + f_y'dy\\\text{应用,近似计算}:f(x,y)=f(x_0+\Delta x,y_0+\Delta y)\approx f(x_0,y_0)+f_x'(x_0,y_0)\Delta x + f_y'(x_0,y_0)\Delta y\\\text{偏导、微分、连续关系}:\text{偏导存在且连续}\Rightarrow\text{可微}\begin{cases}\Rightarrow\text{偏导存在}\\\Rightarrow\text{连续}\end{cases}\end{cases}$$

$$\text{二重积分}\begin{cases}\text{定义}:f(x,y)\text{在有界闭区域}D\text{上连续}:\lim_{d\to0}\sum_{i=1}^{n}f(\xi_i,\eta_i)\Delta\sigma_i=\iint\limits_{D}f(x,y)d\sigma\\\text{性质}:\text{与一元函数定积分类似}\\\text{计算}\begin{cases}\text{直角坐标}:\iint\limits_{D}f(x,y)dxdy=\begin{cases}\int_a^b dx\int_{f_1(x)}^{f_2(x)}f(x,y)dy\text{——先对}y\text{后对}x\text{积分}\\\int_c^d dy\int_{\varphi_1(y)}^{\varphi_2(y)}f(x,y)dx\text{——先对}x\text{后对}y\text{积分}\end{cases}\\\text{极坐标}:\iint\limits_{D}f(x,y)dxdy\xrightarrow{\begin{subarray}{l}x=r\cos\theta\\y=r\sin\theta\end{subarray},dxdy=rdrd\theta}\iint\limits_{D}f(r\cos\theta,r\sin\theta)rdrd\theta\end{cases}\\\text{应用}\begin{cases}\text{平面图形面积}:S_D=\iint\limits_{D}dxdy,\text{以区域}D\text{为面积的平面图形}\\\text{立体体积}:V=\iint\limits_{D}|f(x,y)|dxdy,\text{以}D\text{为底}f(x,y)\text{为顶的柱体体积}\end{cases}\end{cases}$$

二、学习重难点

1. 了解空间坐标系的有关概念;了解平面区域、区域的边界、点的邻域、开区域与闭区域等概念.

2. 了解多元函数的概念;掌握二元函数的定义与表示法.

3. 知道二元函数的极限与连续性的概念.

4. 理解多元函数的偏导数与全微分概念;熟练掌握求偏导数与全微分的方法;掌握求多元复合函数偏导数的方法.

5. 掌握由一个方程确定的隐函数的求偏导数的方法(如由 $F(x,y,z)=0$ 确定的隐函数 $z=f(x,y)$,求其偏导数).

6. 了解二元函数极值与条件极值的概念;掌握用二元函数极值存在的必要条件与充分条件求二元函数极值的方法;掌握用拉格朗日乘数法求解简单二元函数条件极值问题的方法.

7. 了解二重积分的概念、几何意义与基本性质;掌握在直角坐标系与极坐标系下计算二重积分的常用方法;会计算一些简单的二重积分.

三、典型例题解析

【例 7.1】 设 $z=x+y+f(x-y)$,且当 $y=0$ 时,$z=x^2$,求 $f(x)$.

解 将 $y=0$ 代入原式,得

$$x^2 = x + 0 + f(x-0)$$

故

$$f(x) = x^2 - x$$

【例 7.2】 求函数 $z = \ln(y^2 - 2x + 1)$ 的定义域.

解 要使表达式有意义,则
$$y^2 - 2x + 1 > 0$$
故所求定义域为
$$D = \{(x,y) \mid y^2 - 2x + 1 > 0\}$$

【例 7.3】 设 $z = e^{2x-3z} + 2y$,求 $3\dfrac{\partial z}{\partial x} + \dfrac{\partial z}{\partial y}$.

解 方法 1:
$$\begin{cases} \dfrac{\partial z}{\partial x} = e^{2x-3z}\left(2 - 3\dfrac{\partial z}{\partial x}\right) \\ \dfrac{\partial z}{\partial y} = e^{2x-3z}\left(-3\dfrac{\partial z}{\partial y}\right) + 2 \end{cases} \Rightarrow \begin{cases} \dfrac{\partial z}{\partial x} = \dfrac{2e^{2x-3z}}{1 + 3e^{2x-3z}} \\ \dfrac{\partial z}{\partial y} = \dfrac{2}{1 + 3e^{2x-3z}} \end{cases}$$

$$\Rightarrow 3\dfrac{\partial z}{\partial x} + \dfrac{\partial z}{\partial y} = 2\left(\dfrac{3e^{2x-3z}}{1+3e^{2x-3z}} + \dfrac{1}{1+3e^{2x-3z}}\right) = 2$$

方法 2:令 $F(x,y,z) = e^{2x-3z} + 2y - z = 0$,则
$$\frac{\partial F}{\partial x} = 2e^{2x-3z}, \quad \frac{\partial F}{\partial y} = 2, \quad \frac{\partial F}{\partial z} = e^{2x-3z}(-3) - 1$$

$$\frac{\partial z}{\partial x} = -\frac{F_x'}{F_z'} = -\frac{2e^{2x-3z}}{-(1+3e^{2x-3z})} = \frac{2e^{2x-3z}}{1+3e^{2x-3z}}$$

$$\frac{\partial z}{\partial y} = -\frac{F_y'}{F_z'} = -\frac{2}{-(1+3e^{2x-3z})} = \frac{2}{1+3e^{2x-3z}}$$

$$\Rightarrow 3\frac{\partial z}{\partial x} + \frac{\partial z}{\partial y} = 2\left(\frac{3e^{2x-3z}}{1+3e^{2x-3z}} + \frac{1}{1+3e^{2x-3z}}\right) = 2$$

【例 7.4】 求函数 $z = 3x^2 y + \dfrac{x}{y}$ 的全微分.

解 因为
$$\frac{\partial z}{\partial x} = 6xy + \frac{1}{y}, \frac{\partial z}{\partial y} = 3x^2 - \frac{x}{y^2}$$
所以
$$dz = \left(6xy + \frac{1}{y}\right)dx + \left(3x^2 - \frac{x}{y^2}\right)dy$$

【例 7.5】 求函数 $f(x,y) = (x^2 + y^2)^2 - 2(x^2 - y^2)$ 的极值.

解 解方程组
$$\begin{cases} f_x' = 2(x^2+y^2)\cdot 2x - 4x = 4x(x^2+y^2-1) = 0 & (1) \\ f_y' = 2(x^2+y^2)\cdot 2y + 4y = 4y(x^2+y^2+1) = 0 & (2) \end{cases}$$
由(2)得 $y = 0$,代入(1)得
$$x = 0 \text{ 或 } x = \pm 1$$
故有驻点 $(-1,0),(0,0),(1,0)$.

求二阶导数
$$f_{xx}'' = 4(3x^2 + y^2 - 1), f_{xy}'' = 8xy, \quad f_{yy}'' = 4(x^2 + 3y^2 + 1)$$
列表,见表 7.1.

表 7.1

	A	B	C	$B^2 - AC$	$f(x,y)$
$(-1,0)$	8	0	8	$-$	极小值 -1
$(0,0)$	-4	0	4	$+$	无极值
$(1,0)$	8	0	8	$-$	极小值 -1

因此, 函数有极小值为

$$f(1,0) = f(-1,0) = -1$$

【例 7.6】 求由方程 $x^2 + y^2 + z^2 - 2x + 2y - 4z - 10 = 0$ 确定的函数 $z = f(x,y)$ 的极值.

解 方法 1: 在方程两边同时对 x 求偏导, 得

$$2x + 2z\frac{\partial z}{\partial x} - 2 - 4\frac{\partial z}{\partial x} = 0 \qquad \frac{\partial z}{\partial x} = \frac{1-x}{z-2}$$

在方程两边同时对 y 求偏导, 得

$$2y + 2z\frac{\partial z}{\partial y} + 2 - 4\frac{\partial z}{\partial y} = 0 \qquad \frac{\partial z}{\partial y} = -\frac{1+y}{z-2}$$

解方程组

$$\begin{cases} \dfrac{\partial z}{\partial x} = \dfrac{1-x}{z-2} = 0 \\ \dfrac{\partial z}{\partial y} = -\dfrac{1+y}{z-2} = 0 \end{cases}$$

得驻点 $(1,-1)$.

$$z''_{xx} = \frac{-(z-2)-(1-x)\frac{\partial z}{\partial x}}{(z-2)^2} = \frac{-(z-2)-\frac{(1-x)^2}{z-2}}{(z-2)^2} = \frac{-1}{z-2} - \frac{(1-x)^2}{(z-2)^3}$$

$$z''_{xy} = \frac{-(1-x)\cdot\frac{\partial z}{\partial y}}{(z-2)^2} = \frac{\frac{(1-x)(1+y)}{z-2}}{(z-2)^2} = \frac{(1-x)(1+y)}{(z-2)^3}$$

$$z''_{yy} = \frac{-(z-2)+(1+y)\frac{\partial z}{\partial y}}{(z-2)^2} = \frac{-(z-2)+\frac{-(1+y)^2}{z-2}}{(z-2)^2} = \frac{-1}{z-2} - \frac{(1+y)^2}{(z-2)^3}$$

当 $x=1, y=-1$ 时, 得

$$z = -2 \ \text{或} \ z = 6$$

列表, 见表 7.2.

表 7.2

	z	A	B	C	$B^2 - AC$	$f(x,y)$
$(1,-1)$	-2	$\dfrac{1}{4}$	0	$\dfrac{1}{4}$	$-\dfrac{1}{16}$	极小值 -2
$(1,-1)$	6	$-\dfrac{1}{4}$	0	$-\dfrac{1}{4}$	$-\dfrac{1}{16}$	极大值 6

因此,函数有极小值 $f(1,-1)=-2$,极大值 $f(1,-1)=6$.

方法 2:(本题特殊性,可用配方法)

原方程可变为

$$(x-1)^2 + (y+1)^2 + (z-2)^2 = 16 \qquad (以(1,-1,2) 为中心,4 为半径的球面)$$

故

$$z = 2 \pm \sqrt{16 - (x-1)^2 - (y+1)^2}$$

当 $x=1,y=-1$ 时,$\sqrt{16-(x-1)^2-(y+1)^2}$ 取得极大值 4.

因此,$z=2+4=6$ 为极大值,$z=2-4=-2$ 为极小值.

【例 7.7】 求 $z=x^2+y^2$ 在条件 $\dfrac{x}{a}+\dfrac{y}{b}=1$ 下的极值.

解 作拉格朗日函数

$$F(x,y,\lambda) = x^2 + y^2 + \lambda\left(\frac{x}{a} + \frac{y}{b} - 1\right)$$

解方程组

$$\begin{cases} F'_x = 2x + \dfrac{\lambda}{a} = 0 \\[2mm] F'_y = 2y + \dfrac{\lambda}{b} = 0 \\[2mm] F'_\lambda = \dfrac{x}{a} + \dfrac{y}{b} - 1 = 0 \end{cases}$$

解得

$$x = \frac{ab^2}{a^2+b^2}, \quad y = \frac{a^2 b}{a^2 + b^2}$$

题设问题可理解为:直线 $\dfrac{x}{a}+\dfrac{y}{b}=1$ 上的点到原点距离的极值问题. 直线 $\dfrac{x}{a}+\dfrac{y}{b}=1$ 上任一点 (x,y) 与原点的距离为

$$d = \sqrt{x^2 + y^2}$$

为方便计算,求 $z=d^2=x^2+y^2$ 在条件 $\dfrac{x}{a}+\dfrac{y}{b}=1$ 下的极值,在此背景下,定直线到原点距离存在最小值. 且驻点唯一,故

$$f_{\min} = f_{极小} = f\left(\frac{ab^2}{a^2+b^2}, \frac{a^2 b}{a^2+b^2}\right)$$

【例 7.8】 计算二重积分 $\displaystyle\iint\limits_{D}(3x+2y)\mathrm{d}x\mathrm{d}y$,其中 D 是由直线 $x=0,y=0,x+y=2$ 所围成的闭区域.

解 区域 D 的图像如图 7.1 所示.

作为 X 型区域

$$\iint\limits_{D}(3x+2y)\mathrm{d}x\mathrm{d}y = \int_0^2 \mathrm{d}x \int_0^{2-x}(3x+2y)\mathrm{d}y$$

$$= \int_0^2 (3xy + y^2)\Big|_0^{2-x}\mathrm{d}x$$

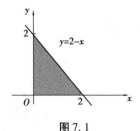

图 7.1

$$= \int_0^2 (2x - 2x^2 + 4)\, dx$$

$$= \left(x^2 - \frac{2}{3}x^3 + 4x \right) \Big|_0^2$$

$$= \frac{20}{3}$$

【例 7.9】 改变二次积分 $I = \int_0^2 dy \int_{y^2}^{2y} f(x,y)\, dx$ 的积分次序.

解 积分区域为

$$D : 0 \leqslant y \leqslant 2, y^2 \leqslant x \leqslant 2y$$

D 图像如图 7.2 所示,也可表示为

$$D' : 0 \leqslant x \leqslant 4, \frac{x}{2} \leqslant y \leqslant \sqrt{x}$$

故

$$I = \int_0^4 dx \int_{\frac{x}{2}}^{\sqrt{x}} f(x,y)\, dy$$

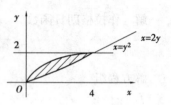

图 7.2

【例 7.10】 计算二重积分 $\iint\limits_{D} (x + y)\, dxdy, D : x^2 + y^2 \leqslant x + y.$

解 方法 1:$x^2 + y^2 \leqslant x + y \Rightarrow r^2 \leqslant r\cos\theta + r\sin\theta$

即

$$0 \leqslant r \leqslant \cos\theta + \sin\theta = \frac{1}{\sqrt{2}}\sin\left(\theta + \frac{\pi}{4}\right) \Rightarrow 0 \leqslant \theta + \frac{\pi}{4} \leqslant \pi$$

故

$$D : -\frac{\pi}{4} \leqslant \theta \leqslant \frac{3}{4}\pi, 0 \leqslant r \leqslant \sin\theta + \cos\theta$$

$$\iint\limits_{D} (x + y)\, dxdy = \int_{-\frac{\pi}{4}}^{\frac{3}{4}\pi} d\theta \int_0^{\sin\theta + \cos\theta} r^2 (\cos\theta + \sin\theta)\, dr$$

$$= \frac{1}{3} \int_{-\frac{\pi}{4}}^{\frac{3}{4}\pi} (1 + 2\sin 2\theta + \sin^2 2\theta)\, d\theta = \frac{\pi}{2}$$

方法 2:将 D 的边界化为

$$\left(x - \frac{1}{2} \right)^2 + \left(y - \frac{1}{2} \right)^2 = \frac{1}{2}$$

令

$$x - \frac{1}{2} = r\cos\theta, y - \frac{1}{2} = r\sin\theta.$$

则 D 为

$$0 \leqslant \theta \leqslant 2\pi, 0 \leqslant r \leqslant \frac{1}{\sqrt{2}}$$

$$\iint\limits_{D} (x + y)\, dxdy = \int_0^{2\pi} d\theta \int_0^{\frac{1}{\sqrt{2}}} (1 + r\cos\theta + r\sin\theta) r\, dr$$

$$= \int_0^{2\pi} \left(\frac{r^2}{2} + (\cos\theta + \sin\theta) \frac{r^3}{3} \right) \Big|_0^{\frac{1}{\sqrt{2}}} \mathrm{d}\theta$$

$$= \int_0^{2\pi} \left[\frac{1}{4} + \frac{1}{12\sqrt{2}} (\cos\theta + \sin\theta) \right] \mathrm{d}\theta$$

$$= \frac{\pi}{2}$$

四、本章自测题

一、填空题

1. 函数 $f(x,y) = \dfrac{\sqrt{4x - y^2}}{\ln(1 - x^2 - y^2)}$ 的定义域为_____.

2. 函数 $z = \dfrac{1}{\ln(x + y)} + \sqrt{1 - x^2}$ 的定义域为_____.

3. 已知 $f\left(x - y, \dfrac{y}{x}\right) = x^2 - y^2$，则 $f(x,y) =$ _____.

4. 已知 $z = \sqrt{y} + f(\sqrt{x} - 1)$，且当 $y = 1$ 时 $z = x$，则 $f(x) =$ _____，$z =$ _____.

5. 要使 $f(x,y) = \dfrac{xy}{\sqrt{xy + 1} - 1}$ 在 $(0,0)$ 连续，则应定义 $f(0,0) =$ _____.

6. $\lim\limits_{(x,y)\to(0,0)} \dfrac{\sin xy}{x} =$ _____.

7. 若 $z = \dfrac{\ln x}{y^2}$，则 $\dfrac{\partial z}{\partial x} =$ _____；$\dfrac{\partial z}{\partial y}\Big|_{\substack{x=2 \\ y=1}} =$ _____.

8. 设函数 $z = z(x,y)$ 是由方程 $x^2 + y^3 - xyz^2 = 0$ 确定，则 $\dfrac{\partial z}{\partial x} =$ _____.

9. 设 $z = x^2 y + \mathrm{e}^{xy}$，则 $\mathrm{d}z =$ _____；$\mathrm{d}z\Big|_{\substack{x=1 \\ y=1}} =$ _____.

10. 若函数 $z = f(x^2 - y^2, xy)$，则 $\dfrac{\partial z}{\partial x} =$ _____.

11. 计算二重积分 $\displaystyle\int_0^1 \mathrm{d}x \int_0^1 \mathrm{e}^{x+y} \mathrm{d}y =$ _____.

12. 已知 $\displaystyle\int_0^1 f(t)\,\mathrm{d}t = 1$，$D = \left\{ (x,y) \mid x^2 + y^2 \leqslant 1 \right\}$，则二重积分 $\displaystyle\iint\limits_D f(x^2 + y^2)\,\mathrm{d}x\mathrm{d}y$ = _____.

13. 设 $D: |x| \leqslant 1, 0 \leqslant y \leqslant 1$，则 $\displaystyle\iint\limits_D (x^3 + y)\,\mathrm{d}x\mathrm{d}y =$ _____.

14. 设 $f(1,1) = -1$ 为 $f(x,y) = ax^3 + by^3 + cxy$ 的极值，则常数 $a =$ _____，$b =$ _____，$c =$ _____.

15. 函数 $z = x^2 + (y - 1)^2$ 的驻点为_____，它是该函数的_____（极大、极小）值点.

16. 设函数 $z = z(x, y)$，由方程 $xyz = x + y + z$ 确定，则 $z'_x =$ _____，$dz|_{(1, -1)} =$ _____.

二、单项选择题

1. 点 $(1, -1, 1)$ 在曲面（　　）上.

A. $x^2 + y^2 = 2z$　　　B. $x^2 - y^2 = 2z$　　　C. $x^2 + z^2 = 2y$　　　D. $x^2 + z^2 = y^2$

2. 函数 $z = f(x, y)$ 在点 (x_0, y_0) 处偏导数存在是该函数在该点可微的（　　）条件.

A. 充分不必要　　　B. 必要不充分　　　C. 充要　　　D. 既不充分，也不必要

3. 若函数 $z = f(x, y)$，则 $\dfrac{\partial z}{\partial x}\bigg|_{(x_0, y_0)} = ($　　$)$.

A. $\lim\limits_{\Delta x \to 0} \dfrac{f(x_0 + \Delta x, y_0 + \Delta y) - f(x_0, y_0)}{\Delta x}$

B. $\lim\limits_{\Delta x \to 0} \dfrac{f(x_0 + \Delta x, y_0) - f(x_0, y_0)}{\Delta x}$

C. $\lim\limits_{\Delta x \to 0} \dfrac{f(x_0 + \Delta x, y) - f(x_0, y_0)}{\Delta x}$

D. $\lim\limits_{\Delta x \to 0} \dfrac{f(x_0, y_0 + \Delta y) - f(x_0, y_0)}{\Delta x}$

4. 若 $z = y^{\ln x}$，则 $dz = ($　　$)$.

A. $\dfrac{y^{\ln x} \ln y}{x} + \dfrac{y^{\ln x} \ln x}{y}$

B. $\dfrac{y^{\ln x} \ln y}{x} dx + \dfrac{y^{\ln x} \ln x}{y} dy$

C. $y^{\ln x} \ln y \, dx + \dfrac{y^{\ln x} \ln x}{x} dy$

D. $\dfrac{y^{\ln x} \ln y}{x}$

5. 设 $f(x, y) = x + y + g(xy)$ 且 $f(x, 1) = x^2$，则 $f(x, y)$ 的表达式为（　　）.

A. $f(x, y) = x + 1 + xy$

B. $f(x, y) = (xy)^2$

C. $f(x, y) = x + y - xy + x^2 y^2 - 1$

D. $f(x, y) = x^2 - 1 + y$

6. 设 $dz = \dfrac{dx}{x} + \dfrac{dy}{y}$，则 $\dfrac{\partial^2 z}{\partial x \partial y} = ($　　$)$.

A. $\dfrac{1}{x^2}$　　　B. $-\dfrac{1}{x^2}$　　　C. $\ln x$　　　D. 0

7. 设 $z = f(x, y)$ 有连续的二阶偏导数，且 $f''_{xy}(x, y) = k$（常数），则 $f'_y(x, y) = ($　　$)$.

A. $\dfrac{k^2}{2}$　　　B. ky　　　C. $ky + \varphi(x)$　　　D. $kx + \varphi(y)$

8. $f(x, y)$ 在有界闭区域 D 上连续，则 $\dfrac{\partial}{\partial x}\left[\iint\limits_D f(x, y) d\sigma\right] = ($　　$)$.

A. $\iint\limits_D \dfrac{\partial f(x, y)}{\partial x} d\sigma$　　B. $\iint\limits_D \dfrac{\partial f(x, y)}{\partial x} dx dy$　　C. 0　　D. $f(x, y)$

9. 设可微函数 $f(x, y)$ 在点 (x_0, y_0) 取得极小值，则下列结论正确的是（　　）.

A. $f(x_0, y)$ 在 $y = y_0$ 处的导数等于 0

B. $f(x_0, y)$ 在 $y = y_0$ 处的导数大于 0

C. $f(x_0, y)$ 在 $y = y_0$ 处的导数小于 0

D. $f(x_0, y)$ 在 $y = y_0$ 处的导数不存在

10. 设 $I_1 = \iint\limits_D \cos\sqrt{x^2 + y^2} d\sigma$，$I_2 = \iint\limits_D \cos(x^2 + y^2) d\sigma$，$I_3 = \iint\limits_D \cos(x^2 + y^2)^2 d\sigma$，其中 $D = \{(x, y) \mid x^2 + y^2 < 1\}$，则（　　）.

A. $I_3 > I_2 > I_1$　　　B. $I_1 > I_2 > I_3$　　　C. $I_2 > I_1 > I_3$　　　D. $I_3 > I_1 > I_2$

11. 设平面区域 D 由 $x + y = \dfrac{1}{2}$，$x + y = 1$ 与两坐标轴围成，若 $I_1 = \iint\limits_D [\ln(x + y)]^9 dxdy$，

$I_2 = \iint\limits_D (x+y)^9 \mathrm{d}x\mathrm{d}y, I_3 = \iint\limits_D [\sin(x+y)]^9 \mathrm{d}x\mathrm{d}y,$ 则( ).

A. $I_1 \leqslant I_2 \leqslant I_3$ B. $I_1 \leqslant I_3 \leqslant I_2$ C. $I_3 \leqslant I_2 \leqslant I_1$ D. $I_3 \leqslant I_1 \leqslant I_2$

12. 交换二重积分 $\int_0^2 \mathrm{d}x \int_0^{x^2} f(x,y)\mathrm{d}y$ 积分次序,得到( ).

A. $\int_0^4 \mathrm{d}y \int_{\sqrt{y}}^2 f(x,y)\mathrm{d}x$ B. $\int_0^4 \mathrm{d}y \int_0^{\sqrt{y}} f(x,y)\mathrm{d}x$

C. $\int_0^4 \mathrm{d}y \int_{x^2}^2 f(x,y)\mathrm{d}x$ D. $\int_0^4 \mathrm{d}y \int_2^{\sqrt{y}} f(x,y)\mathrm{d}x$

三、计算题

1. 设 $z = x^3 y - y^3 x$,求 z_x' 及 z_y'.

2. 已知 $z = \arctan \dfrac{y+x}{x-y}$,求 $\mathrm{d}z$.

3. 已知函数 $z = \ln(x^2 + 2y^3)$,求 $\dfrac{\partial^2 z}{\partial x^2}, \dfrac{\partial^2 z}{\partial y^2}$ 和 $\dfrac{\partial^2 z}{\partial x \partial y}$.

4. 已知 $u = f(x^2 - y^2, \mathrm{e}^{xy})$,求 $\dfrac{\partial u}{\partial x}, \dfrac{\partial u}{\partial y}$.

5. 设 $u = f(x, xy^2, xy\sin z)$,求 $\dfrac{\partial u}{\partial x}, \dfrac{\partial u}{\partial y}, \dfrac{\partial u}{\partial z}$.

6. 设 $\sin y + \mathrm{e}^x - xy^2 = 0$,求 $\dfrac{\mathrm{d}y}{\mathrm{d}x}$.

7. 设函数 $z = z(x,y)$ 由方程 $x\mathrm{e}^x - y\mathrm{e}^y = z\mathrm{e}^z$ 所确定,求 $\mathrm{d}z$.

8. 计算 $\iint\limits_D 4y^2 \sin(xy)\mathrm{d}x\mathrm{d}y$,其中 D 由 $x = 0, y = \sqrt{\dfrac{\pi}{2}}, y = x$ 围成.

9. 计算 $I = \int_0^1 \mathrm{d}x \int_{x^2}^1 \dfrac{xy}{\sqrt{1+y^3}}\mathrm{d}y$.

10. 计算二重积分 $\iint\limits_D (x^2 + y^2 - 1)\mathrm{d}x\mathrm{d}y$,其中 $D = \{(x,y)|0 \leqslant x \leqslant 1, 0 \leqslant y \leqslant 1\}$.

11. 计算二重积分 $\iint\limits_D xy\mathrm{d}\sigma$,其中 D 为如图 7.3 所示的阴影部分.

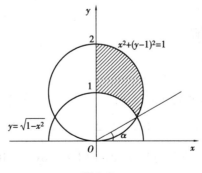

图 7.3

12. 求 $\iint\limits_D \sqrt{x^2 + y^2}\mathrm{d}\sigma$,其中 D 为如图 7.4 所示的阴影部分.

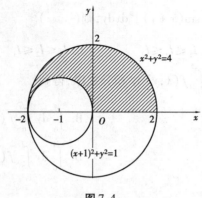

图 7.4

13. 求函数 $z = x^3 + 3xy^2 - 15x - 12y$ 的极值.

14. 已知一个两直角边分别是 a,b 的直角三角形,求此三角形中内接矩形的最大面积.

四、应用题

*1. 设 $f(x,y)$ 连续,且 $f(x,y) = xy + \iint\limits_D f(u,v)\,\mathrm{d}u\mathrm{d}v$,其中 D 是由 $y = 0, y = x^2, x = 1$ 所围成区域,求 $f(x,y)$.

2. 假设某企业在两个相互分割的市场上出售同一种产品,两个市场的需求函数分别是 $p_1 = 18 - 2Q_1, p_2 = 12 - Q_2$. 其中,$p_1, p_2$ 分别表示该产品在两个市场的价格(单位:万元/t),Q_1, Q_2 分别表示该产品在两个市场的销售量(单位:t),并且该企业生产这种产品的总成本函数是 $C = 2Q + 5$. 其中,Q 表示该产品在两个市场的销售总量,即 $Q = Q_1 + Q_2$.

(1)如果该企业实行价格差别策略,试确定两个市场上该产品的销售量和价格,使该企业获得最大利润;

(2)如果该企业实行价格无差别策略,试确定两个市场上该商品的销售量及其统一的价格,使该企业的总利润最大化,并比较两种价格策略下的总利润大小.

五、证明题

1. 已知函数 $u(x,y) = \ln\sqrt{x^2 + y^2}$,证明:$\dfrac{\partial^2 u}{\partial x^2} + \dfrac{\partial^2 u}{\partial y^2} = 0$.

*2. 设 $f(x)$ 在 $[0,1]$ 上连续,而且 $\int_0^1 f(x)\,\mathrm{d}x = 4$,则 $\int_0^1 \mathrm{d}x \int_x^1 f(x)f(y)\,\mathrm{d}y = 8$.

五、本章自测题题解

一、填空题

1. $\{(x,y)\,|\,4x - y^2 \geqslant 0, 0 < x^2 + y^2 < 1\}$　　　2. $\{(x,y)\,|\,1 - x^2 \geqslant 0, 0 < x + y \neq 1\}$

3. $\dfrac{x^2(1+y)}{1-y}$　　4. $x^2 + 2x$;　$\sqrt{y} + x - 1$　　5. 2　　6. 0　　7. $\dfrac{1}{xy^2}$; $-2\ln 2$　　8. $\dfrac{2x - yz^2}{2xyz}$

9. $(2xy + ye^{xy})\mathrm{d}x + (x^2 + xe^{xy})\mathrm{d}y$;$(2 + e)\mathrm{d}x + (1 + e)\mathrm{d}y$　　10. $2xf_1' + yf_2'$　　11. $(e - 1)^2$

12. π　　13. 1　　14. $a = 1; b = 1; c = -3$　　15. $(0,1)$;极小　　16. $\dfrac{yz - 1}{1 - xy}$; $-\dfrac{1}{2}(\mathrm{d}x + \mathrm{d}y)$

二、单项选择题

1. A　　2. B　　3. B　　4. B　　5. C　　6. D　　7. D　　8. C　　9. A　　10. A

11. B   12. A

三、计算题

1. 解:
$$z_x' = 3x^2y - y^3, z_y' = x^3 - 3y^2x$$

2. 解:
$$z_x' = \frac{-\dfrac{2y}{(x-y)^2}}{1 + \left(\dfrac{x+y}{x-y}\right)^2} = -\frac{y}{x^2+y^2}, \quad z_y' = \frac{\dfrac{2x}{(x-y)^2}}{1 + \left(\dfrac{x+y}{x-y}\right)^2} = \frac{x}{x^2+y^2}$$

$$dz = \frac{1}{x^2+y^2}(-y\,dx + x\,dy)$$

3. 解:
$$\frac{\partial z}{\partial x} = \frac{2x}{x^2+2y^3}, \frac{\partial z}{\partial y} = \frac{6y^2}{x^2+2y^3}$$

故

$$\frac{\partial^2 z}{\partial x^2} = \frac{4y^3 - 2x^2}{(x^2+2y^3)^2}, \quad \frac{\partial^2 z}{\partial y^2} = \frac{12yx^2 - 12y^4}{(x^2+2y^3)^2}, \quad \frac{\partial^2 z}{\partial x \partial y} = \frac{-12xy^2}{(x^2+2y^3)^2}$$

4. 解:
$$u_x' = 2xf_1' + ye^{xy}f_2', u_y' = -2yf_1' + xe^{xy}f_2'$$

5. 解: $\dfrac{\partial u}{\partial x} = f_1' + y^2 f_2' + y\sin z\, f_3', \dfrac{\partial u}{\partial y} = 2xy f_2' + x\sin z\, f_3', \dfrac{\partial u}{\partial z} = xy\cos z\, f_3'$

6. 解:记

$$F(x,y) = \sin y + e^x - xy^2$$

则

$$F_x' = e^x - y^2, F_y' = \cos y - 2xy$$

故

$$\frac{dy}{dx} = -\frac{F_x'}{F_y'} = \frac{e^x - y^2}{2xy - \cos y}$$

7. 解:记

$$F(x,y,z) = xe^x - ye^y - ze^z$$

则

$$F_x' = e^x + xe^x, F_y' = -e^y - ye^y, F_z' = -e^z - ze^z$$

故

$$\frac{\partial z}{\partial x} = -\frac{F_x'}{F_z'} = -\frac{e^x + xe^x}{-e^z - ze^z} = \frac{e^x + xe^x}{e^z + ze^z}$$

$$\frac{\partial z}{\partial y} = -\frac{F_y'}{F_z'} = -\frac{-e^y - ye^y}{-e^z - ze^z} = -\frac{e^y + ye^y}{e^z + ze^z}$$

故

$$dz = \frac{\partial z}{\partial x}dx + \frac{\partial z}{\partial y}dy = \frac{e^x + xe^x}{e^z + ze^z}dx - \frac{e^y + ye^y}{e^z + ze^z}dy$$

8. 解:如图 7.5 所示,由题意得

$$D = \left\{ (x,y) \,\middle|\, 0 \leq x \leq y, 0 \leq y \leq \sqrt{\frac{\pi}{2}} \right\}$$

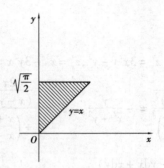

图 7.5

$$\text{原式} = \int_0^{\sqrt{\frac{\pi}{2}}} 4y\,\mathrm{d}y \int_0^y \sin(xy)\,\mathrm{d}(xy) = \int_0^{\sqrt{\frac{\pi}{2}}} (4y - 4y\cos y^2)\,\mathrm{d}y$$

$$= (2y^2 - 2\sin y^2) \Big|_0^{\sqrt{\frac{\pi}{2}}} = \pi - 2$$

9. 解:如图 7.6 所示,积分区域为

$$D = \{(x,y) \mid x^2 \leqslant y \leqslant 1, 0 \leqslant x \leqslant 1\}$$

也可表示为

$$D = \{(x,y) \mid 0 \leqslant x \leqslant \sqrt{y}, 0 \leqslant y \leqslant 1\}$$

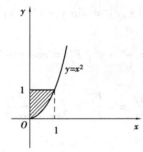

图 7.6

于是,原积分可化为

$$I = \int_0^1 \mathrm{d}x \int_{x^2}^1 \frac{xy}{\sqrt{1+y^3}}\,\mathrm{d}y = \int_0^1 \frac{y}{\sqrt{1+y^3}}\,\mathrm{d}y \int_0^{\sqrt{y}} x\,\mathrm{d}x$$

$$= \frac{1}{2}\int_0^1 \frac{y^2}{\sqrt{1+y^3}}\,\mathrm{d}y = \frac{1}{3}(\sqrt{2}-1)$$

10. 解: $$\text{原式} = \int_0^1 \mathrm{d}y \int_0^1 (x^2 + y^2 - 1)\,\mathrm{d}x = \int_0^1 \left(y^2 - \frac{2}{3}\right)\mathrm{d}y = -\frac{1}{3}$$

11. 解:选择极坐标系下计算,其中两圆交于右端点 $\left(\frac{1}{2}, \frac{\sqrt{3}}{2}\right)$,其中 $\alpha = \frac{\pi}{6}$,积分区域为

$$D = \left\{(r,\theta) \mid \frac{\pi}{6} \leqslant \theta \leqslant \frac{\pi}{2}, 1 \leqslant r \leqslant 2\sin\theta\right\}$$

$$\iint_D xy\,\mathrm{d}\sigma = \int_{\frac{\pi}{6}}^{\frac{\pi}{2}} \sin\theta \cdot \cos\theta\,\mathrm{d}\theta \int_1^{2\sin\theta} r^3\,\mathrm{d}r = \frac{1}{4}\int_{\frac{\pi}{6}}^{\frac{\pi}{2}} \sin\theta \cdot \cos\theta \cdot r^4 \Big|_1^{2\sin\theta}\,\mathrm{d}\theta$$

$$= \int_{\frac{\pi}{6}}^{\frac{\pi}{2}} (4 \sin^5 \theta \cdot \cos \theta - \frac{1}{4} \sin \theta \cdot \cos \theta) d\theta = \int_{\frac{\pi}{6}}^{\frac{\pi}{2}} (4 \sin^5 \theta - \frac{1}{4} \sin \theta) d(\sin \theta)$$

$$= \left(\frac{2}{3} \sin^6 \theta - \frac{1}{8} \sin^2 \theta \right) \Big|_{\frac{\pi}{6}}^{\frac{\pi}{2}} = \frac{9}{16}$$

12. 解:如图 7.7 所示,则

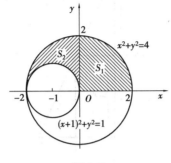

图 7.7

$$原式 = S_1 + S_2 = \int_0^{\frac{\pi}{2}} d\theta \int_0^2 r^2 dr + \int_{\frac{\pi}{2}}^{\pi} d\theta \int_{-2\cos\theta}^2 r^2 dr$$

$$= \frac{\pi}{2} \cdot \frac{1}{3} r^3 \Big|_0^2 + \int_{\frac{\pi}{2}}^{\pi} \frac{1}{3} r^3 \Big|_{-2\cos\theta}^2 d\theta = \frac{4\pi}{3} + \frac{8}{3} \int_{\frac{\pi}{2}}^{\pi} (1 + \cos^3 \theta) d\theta = \frac{4\pi}{3} + \frac{4\pi}{3} + \frac{8}{3} \int_{\frac{\pi}{2}}^{\pi} \cos^2 \theta d(\sin \theta)$$

$$= \frac{8\pi}{3} + \frac{8}{3} \int_{\frac{\pi}{2}}^{\pi} (1 - \sin^2 \theta) d(\sin \theta) = \frac{8\pi}{3} + \frac{8}{3} \left(\sin \theta - \frac{1}{3} \sin^3 \theta \right) \Big|_{\frac{\pi}{2}}^{\pi} = \frac{8\pi}{3} + \frac{8}{3} \times \left(0 - \frac{2}{3} \right) = \frac{8\pi}{3} - \frac{16}{9}$$

13. 解:令

$$\begin{cases} z'_x = 3x^2 + 3y^2 - 15 = 0 \\ z'_y = 6xy - 12 = 0 \end{cases}$$

得驻点 $(1,2),(2,1),(-1,-2),(-2,-1)$.

又 $z''_{xx} = 6x, z''_{xy} = 6y, z''_{yy} = 6x$,见表 7.3.

表 7.3

	A	B	C	$B^2 - AC$	$f(x,y)$
$(1,2)$	6	12	6	+	无极值
$(-1,-2)$	-6	-12	-6	+	无极值
$(2,1)$	12	6	12	$-$	极小值 -28
$(-2,-1)$	-12	-6	-12	$-$	极大值 28

经判定 $(2,1)$ 是极小值点,极小值为 -28,$(-2,-1)$ 为极大值点,极大值为 28.

14. 解:由题意,设矩形的长宽分别为 x,y(见图 7.8),则面积目标函数

$$S = xy$$

由三角形相似得隐含约束条件

$$\frac{y}{b} = \frac{a - x}{a} \qquad 0 < x < a, 0 < y < b$$

即

$$y = b - \frac{bx}{a}$$

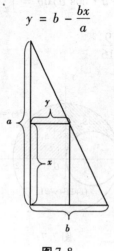

图 7.8

将约束条件代入目标函数,得

$$S = bx - \frac{b}{a}x^2$$

令

$$S' = b - \frac{2b}{a}x = 0$$

得唯一驻点 $\left(\frac{a}{2}, \frac{b}{2}\right)$,经判定此驻点即是目标函数的最大值点。因此,所求内接矩形的最大面积为 $\frac{ab}{4}$.

四、应用题

1. 解:如图 7.9 所示,因 $f(x,y)$ 连续,从而 $\iint\limits_{D} f(u,v)\mathrm{d}u\mathrm{d}v$ 存在,令

$$A = \iint\limits_{D} f(u,v)\mathrm{d}u\mathrm{d}v = \iint\limits_{D} f(x,y)\mathrm{d}x\mathrm{d}y$$

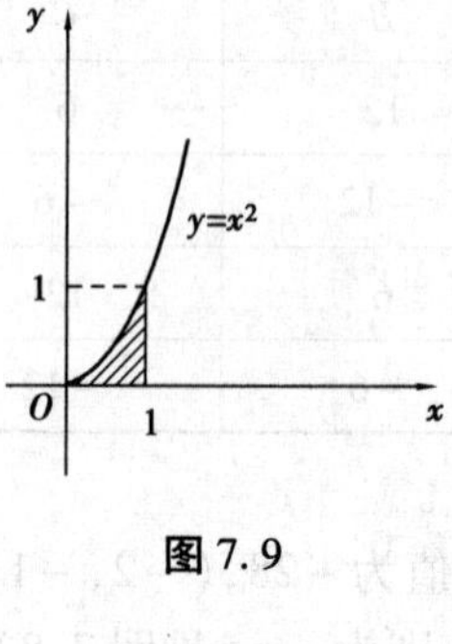

图 7.9

于是

$$f(x,y) = xy + A$$

对上式两边在 D 上积分,可得

$$A = \iint\limits_{D} (xy + A)\mathrm{d}x\mathrm{d}y = \int_0^1 \mathrm{d}x \int_0^{x^2} (xy + A)\mathrm{d}y = \int_0^1 \left(\frac{x}{2}y^2 + Ay\right)\Big|_0^{x^2} \mathrm{d}x = \int_0^1 \left(\frac{x^5}{2} + Ax^2\right)\mathrm{d}x$$

$$= \left(\frac{1}{12}x^6 + \frac{A}{3}x^3 \right) \bigg|_0^1 = \frac{1}{12} + \frac{A}{3} \Rightarrow A = \frac{1}{8}$$

故

$$f(x,y) = xy + \frac{1}{8}$$

2. 解:(1)根据题意,总利润函数为

$$L = R - C = p_1 Q_1 + p_2 Q_2 - (2Q + 5)$$

$$= -2Q_1^2 - Q_2^2 + 16Q_1 + 10Q_2 - 5$$

令

$$\begin{cases} L'_{Q_1} = -4Q_1 + 16 = 0 \\ L'_{Q_2} = -2Q_2 + 10 = 0 \end{cases}$$

解得

$$Q_1 = 4, Q_2 = 5.$$

因驻点(4,5)唯一,且实际问题一定存在最大值,故最大值必在驻点处达到. 此时,$p_1 = 10$ 万元/吨,$p_2 = 7$ 万元/吨,最大利润为 $L = 52$ 万元.

(2)若实行价格无差别策略,则 $p_1 = p_2$,于是有约束条件

$$2Q_1 - Q_2 = 6$$

即

$$Q_2 = 2Q_1 - 6$$

代入利润函数,得

$$L = -2Q_1^2 - (2Q_1 - 6)^2 + 16Q_1 + 10(2Q_1 - 6) - 5$$

$$= -6Q_1^2 + 60Q_1 - 101$$

令

$$L'(Q_1) = -12Q_1 + 60 = 0$$

得 $Q_1 = 5$,此时 $Q_2 = 4$.

因驻点(5,4)唯一,且实际问题一定存在最大利润,故最大利润必在驻点处达到.

此时,$p_1 = p_2 = 8$ 万元/吨,最大利润为 $L = 49$ 万元.

由上述又知,企业实行差别定价所得最大利润大于统一定价时的最大利润.

五、证明题

1. 证:$u(x,y) = \frac{1}{2}\ln(x^2 + y^2)$

$$\frac{\partial u}{\partial x} = \frac{1}{2} \cdot \frac{2x}{x^2 + y^2} = \frac{x}{x^2 + y^2}, \frac{\partial u}{\partial y} = \frac{1}{2} \cdot \frac{2y}{x^2 + y^2} = \frac{y}{x^2 + y^2}, \frac{\partial^2 u}{\partial x^2} = \frac{x^2 + y^2 - x \cdot 2x}{(x^2 + y^2)^2} = \frac{y^2 - x^2}{(x^2 + y^2)^2}$$

由对称性知

$$\frac{\partial^2 u}{\partial y^2} = \frac{x^2 - y^2}{(x^2 + y^2)^2}$$

故

$$\frac{\partial^2 u}{\partial x^2} + \frac{\partial^2 u}{\partial y^2} = \frac{y^2 - x^2 + x^2 - y^2}{(x^2 + y^2)^2} = 0$$

得证.

2. 证:积分区域如图 7.10 所示.

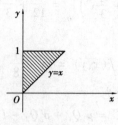

图 7.10

令

$$I = \int_0^1 \mathrm{d}x \int_x^1 f(x)f(y)\,\mathrm{d}y = \int_0^1 \mathrm{d}y \int_0^y f(x)f(y)\,\mathrm{d}x$$

$$= \int_0^1 \mathrm{d}x \int_0^x f(y)f(x)\,\mathrm{d}y$$

故

$$2I = \int_0^1 \mathrm{d}x \int_x^1 f(x)f(y)\,\mathrm{d}y + \int_0^1 \mathrm{d}x \int_0^x f(y)f(x)\,\mathrm{d}y$$

$$= \int_0^1 \mathrm{d}x \int_0^1 f(y)f(x)\,\mathrm{d}y = \left[\int_0^1 f(x)\,\mathrm{d}x \right]^2 = 16$$

故

$$I = 8 = \int_0^1 \mathrm{d}x \int_x^1 f(x)f(y)\,\mathrm{d}y$$

六、本章 B 组习题详解

一、填空题

1. 已知 $f(x,y) = \mathrm{e}^{xy}$,则 $\dfrac{\partial^2 f}{\partial x \partial y} =$ _____.

解:因为

$$\frac{\partial f}{\partial x} = \mathrm{e}^{xy} \cdot y$$

故

$$\frac{\partial^2 f}{\partial x \partial y} = \mathrm{e}^{xy} + y\mathrm{e}^{xy} \cdot x = \mathrm{e}^{xy}(xy + 1)$$

2. 设 $z = x\mathrm{e}^{x+y}$,则 $\mathrm{d}z\big|_{(1,0)} =$ _____.

解:因为

$$\frac{\partial z}{\partial x} = \mathrm{e}^{x+y} + x\mathrm{e}^{x+y}, \quad \frac{\partial z}{\partial y} = x\mathrm{e}^{x+y}$$

故

$$\mathrm{d}z = \frac{\partial z}{\partial x}\mathrm{d}x + \frac{\partial z}{\partial y}\mathrm{d}y = (\mathrm{e}^{x+y} + x\mathrm{e}^{x+y})\mathrm{d}x + x\mathrm{e}^{x+y}\mathrm{d}y$$

故

$$\mathrm{d}z\big|_{(1,0)} = 2\mathrm{e}\mathrm{d}x + \mathrm{e}\mathrm{d}y$$

3. 设 $z = f\left(\dfrac{y}{x}\right)$，$f(u)$ 可导，则 $z'_x + z'_y =$ _____.

解：因为

$$z'_x = f'\left(\frac{y}{x}\right) \cdot \left(-\frac{y}{x^2}\right), z'_y = f'\left(\frac{y}{x}\right) \cdot \frac{1}{x}$$

故

$$z'_x + z'_y = f'\left(\frac{y}{x}\right) \cdot \left(-\frac{y}{x^2}\right) + f'\left(\frac{y}{x}\right) \cdot \frac{1}{x} = \left(\frac{1}{x} - \frac{y}{x^2}\right) f'\left(\frac{y}{x}\right)$$

4. 设 $z = z(x,y)$ 是由方程 $x + y + z + xyz = 0$ 确定的隐函数，则 $z'_x(1,1,-1) =$ _____.

解法 1：记

$$F(x,y,z) = x + y + z + xyz$$

则

$$F'_x = 1 + yz, F'_z = 1 + xy$$

故

$$\frac{\partial z}{\partial x} = -\frac{F'_x}{F'_z} = -\frac{1 + yz}{1 + xy}$$

将 $x = 1, y = 1, z = -1$ 代入上式得

$$z'_x(1,1,-1) = 0$$

解法 2：方程两端同时对 x 求导，把 z 看成关于 x,y 的二元函数，得

$$1 + 0 + z'_x + y(z + xz'_x) = 0$$

将 $x = 1, y = 1, z = -1$ 代入上式得

$$z'_x(1,1,-1) = 0$$

5. $\displaystyle\int_{-1}^{1} dx \int_{-\sqrt{1-x^2}}^{\sqrt{1-x^2}} dy =$ _____.

解法 1：

$$\int_{-1}^{1} dx \int_{-\sqrt{1-x^2}}^{\sqrt{1-x^2}} dy = 2\int_{-1}^{1} \sqrt{1 - x^2}\, dx = 2 \cdot \frac{\pi}{2} = \pi$$

注：定积分 $\displaystyle\int_{-1}^{1} \sqrt{1-x^2}\, dx$ 可由几何意义计算求解，如图 7.11 所示.

解法 2：积分区域如图 7.12 阴影部分所示. 由于该二重积分的被积函数为 1，由二重积分的性质可知，该二重积分在数值上等于积分区域的面积，而阴影部分刚好为一单位圆，故

$$\int_{-1}^{1} dx \int_{-\sqrt{1-x^2}}^{\sqrt{1-x^2}} dy = S_{阴影} = \pi$$

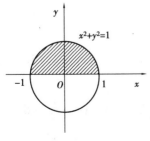

图 7.11

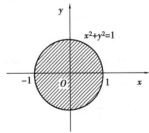

图 7.12

二、单项选择题

1. 函数 $f(x,y)$ 在点 A 的某邻域内偏导数存在且连续是 $f(x,y)$ 在该点处可微的(　　).

A. 必要条件,非充分条件 　　　　　　　　 B. 充分条件,非必要条件

C. 充分必要条件 　　　　　　　　　　　　 D. 既不是充分条件,也不是必要条件

解:偏导数存在且连续 $\overset{\Rightarrow}{\underset{\nLeftarrow}{}}$ 可微

故函数 $f(x,y)$ 在点 A 的某邻域内偏导数存在且连续是 $f(x,y)$ 在该点处可微的充分非必要条件.

故选 B.

2. 已知 $(3ayx^2 - 2y\cos x)\mathrm{d}x + (2x^3 + b\sin x)\mathrm{d}y$ 是某一函数的全微分,则 a,b 的值分别为(　　).

A. -2 和 2 　　　　　B. 2 和 -2 　　　　　C. -3 和 3 　　　　　D. 3 和 -3

解法 1:显然函数的二阶混合偏导连续,则有

$$\frac{\partial^2 f}{\partial x \partial y} = \frac{\partial^2 f}{\partial y \partial x}$$

而

$$\frac{\partial f}{\partial x} = 3ayx^2 - 2y\cos x, \frac{\partial f}{\partial y} = 2x^3 + b\sin x$$

故

$$\frac{\partial^2 f}{\partial x \partial y} = 3ax^2 - 2\cos x \qquad\qquad ①$$

$$\frac{\partial^2 f}{\partial y \partial x} = 6x^2 + b\cos x \qquad\qquad ②$$

由于式①、式②相等,比较同类项,得

$$a = 2, b = -2$$

故选 B.

解法 2:由

$$f(x,y) = \int(3ayx^2 - 2y\cos x)\mathrm{d}x = ayx^3 - 2y\sin x + g(y)$$

且

$$f(x,y) = \int(2x^3 + b\sin x)\mathrm{d}y = 2x^3 y + by\sin x + h(x)$$

比较以上两式同类项系数可得

$$a = 2, b = -2$$

故选 B.

3. 已知函数的全微分

$$\mathrm{d}f(x,y) = (x^2 - 2xy + y^2)\mathrm{d}x + (-x^2 + 2xy - y^2)\mathrm{d}y$$

则 $f(x,y) = ($　　$)$.

A. $\dfrac{x^3}{3} - x^2 y + xy^2 - \dfrac{y^3}{3} + C$ 　　　　　　　　 B. $\dfrac{x^3}{3} - x^2 y - xy^2 - \dfrac{y^3}{3} + C$

C. $\dfrac{x^3}{3} + x^2 y - xy^2 - \dfrac{y^3}{3} + C$ 　　　　　　　　 D. $\dfrac{x^3}{3} - x^2 y + xy^2 + \dfrac{y^3}{3} + C$

解法 1:对 4 个选项所给出的函数求全微分可知,正确选项为 A.

解法 2:由积分求出 $f(x,y)$,即

$$f(x,y) = \int (x^2 - 2xy + y^2) \, dx = \frac{1}{3}x^3 - yx^2 + y^2x + g(y)$$

且

$$f(x,y) = \int (-x^2 + 2xy - y^2) \, dy = -x^2y + xy^2 - \frac{1}{3}y^3 + h(x)$$

比较两式可知

$$g(y) = -\frac{1}{3}y^3, \; h(x) = \frac{1}{3}x^3$$

故

$$f(x,y) = \frac{1}{3}x^3 - yx^2 + y^2x - \frac{1}{3}y^3 + C$$

故选 A.

4.已知函数 $f(x+y, x-y) = x^2 - y^2$,则 $\dfrac{\partial f(x,y)}{\partial x} = ($ $)$.

A. $2x$ B. x C. $2y$ D. y

解:令

$$\begin{cases} x + y = u \\ x - y = v \end{cases}$$

则

$$\begin{cases} x = \dfrac{u+v}{2} \\ y = \dfrac{u-v}{2} \end{cases}$$

故

$$f(u,v) = \left(\frac{u+v}{2}\right)^2 - \left(\frac{u-v}{2}\right)^2 = uv$$

又

$$f(x,y) = xy$$

故

$$\frac{\partial f(x,y)}{\partial x} = y$$

故选 D.

5. $\displaystyle\int_0^1 dx \int_0^{1-x} f(x,y) \, dy = ($ $)$.

A. $\displaystyle\int_0^{1-x} dy \int_0^1 f(x,y) \, dx$ B. $\displaystyle\int_0^1 dy \int_0^{1-x} f(x,y) \, dx$

C. $\displaystyle\int_0^1 dy \int_0^1 f(x,y) \, dx$ D. $\displaystyle\int_0^1 dy \int_0^{1-y} f(x,y) \, dx$

解:由已知累次积分画出积分区域的图像(见图 7.13),并改写成 Y 型区域的累次积分得

$$\int_0^1 \mathrm{d}x \int_0^{1-x} f(x,y)\,\mathrm{d}y = \int_0^1 \mathrm{d}y \int_0^{1-y} f(x,y)\,\mathrm{d}x$$

故选 D.

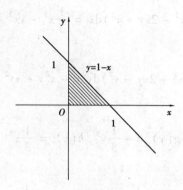

图 7.13

6. 二元函数 $z = x^3 - y^3 + 3x^2 + 3y^2 - 9x + 1$ 的极小值点是( ).

A. $(1,0)$ B. $(1,2)$ C. $(-3,0)$ D. $(-3,2)$

解:由

$$\begin{cases} \dfrac{\partial z}{\partial x} = 3x^2 + 6x - 9 = 0 \\[2mm] \dfrac{\partial z}{\partial y} = -3y^2 + 6y = 0 \end{cases} \Rightarrow x = 1 \text{ 或 } -3, y = 0 \text{ 或 } 2$$

得 4 个驻点 $(1,0),(1,2),(-3,0),(-3,2)$.

求二阶偏导数

$$\frac{\partial^2 z}{\partial x^2} = 6x + 6, \quad \frac{\partial^2 z}{\partial x \partial y} = 0, \quad \frac{\partial^2 z}{\partial y^2} = -6y + 6$$

显然应利用极值的充分条件,判断上述 4 个驻点是否为极值点,为此用列表法,见表 7.4.

表 7.4

	A	B	C	$B^2 - AC$	$f(x,y)$
$(1,0)$	12	0	6	−	极小值
$(1,2)$	12	0	−6	+	无极值
$(-3,0)$	−12	0	6	+	无极值
$(-3,2)$	−12	0	−6	−	极大值

故选 A.

7. 设 $f(x,y)$ 连续,且 $f(x,y) = xy + \iint\limits_{D} f(u,v)\,\mathrm{d}u\mathrm{d}v$. 其中,$D$ 是由 $y = 0, y = x^2, x = 1$ 所围

成的区域,则 $f(x,y) = ($).

A. xy B. $2xy$ C. $xy + \dfrac{1}{8}$ D. $xy + 1$

解:积分区域如图 7.14 所示.

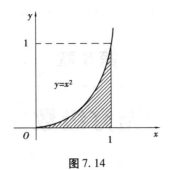

图 7.14

由于二重积分 $\iint\limits_{D}f(u,v)\mathrm{d}u\mathrm{d}v$ 是一个常数,故不妨设

$$\iint\limits_{D}f(u,v)\mathrm{d}u\mathrm{d}v = A(A \text{ 为常数})$$

则

$$f(x,y) = xy + A$$

对上式左右两端,同时求区域 D 上的二重积分,得

$$A = \iint\limits_{D}f(x,y)\mathrm{d}x\mathrm{d}y = \iint\limits_{D}xy\mathrm{d}x\mathrm{d}y + A\iint\limits_{D}\mathrm{d}x\mathrm{d}y = \int_{0}^{1}\mathrm{d}x\int_{0}^{x^2}xy\mathrm{d}y + A\int_{0}^{1}x^2\mathrm{d}x = \int_{0}^{1}x \cdot \frac{y^2}{2}\bigg|_{0}^{x^2}\mathrm{d}x + \frac{A}{3}x^3\bigg|_{0}^{1}$$

$$= \frac{1}{2}\int_{0}^{1}x^5\mathrm{d}x + \frac{1}{3}A = \left(\frac{1}{2} \cdot \frac{x^6}{6}\right)\bigg|_{0}^{1} + \frac{1}{3}A = \frac{1}{12} + \frac{1}{3}A$$

$$\Rightarrow A = \frac{1}{8}$$

故

$$f(x,y) = xy + \frac{1}{8}$$

故选 C.

注:对于 $\iint\limits_{D}\mathrm{d}x\mathrm{d}y$ 的计算,用到了二重积分的性质:当二重积分的被积函数为 1,该二重积分在数值上等于积分区域的面积,而面积则由定积分的几何意义求解.

第 8 章

无穷级数

一、内容提要

$$
\text{无穷级数}
\begin{cases}
\text{概念}
\begin{cases}
n \text{ 项部分和}: S_n = u_1 + u_2 + \cdots + u_n \\
\text{敛散性定义}: 若 \lim\limits_{n\to\infty} S_n \xlongequal{\text{存在}} S, 称 \sum\limits_{n=1}^{\infty} u_n \text{ 收敛且和为 } S, 否则称发散
\end{cases}\\[4mm]
\text{性质}
\begin{cases}
\sum u_n \text{ 与 } \sum k u_n (k \neq 0) \text{ 同敛散性}\\
\sum u_n, \sum v_n \text{ 收敛,则} \sum (u_n \pm v_n) = \sum u_n \pm \sum v_n \text{ 收敛,}
\begin{cases}
\text{收敛} \pm \text{收敛} \Rightarrow \text{收敛}\\
\text{发散} \pm \text{收敛} \Rightarrow \text{发散}\\
\text{发散} \pm \text{发散,不确定}
\end{cases}\\
\text{去掉、增加级数有限项,不改变敛散性}\\
\text{收敛级数加括号后,新级数仍为收敛(收敛级数去括号后级数不一定收敛)}
\end{cases}\\[4mm]
\text{敛散性判别法}
\begin{cases}
\text{正项级数 } \sum\limits_{n=1}^{\infty} u_n (u_n \geq 0)
\begin{cases}
\text{收敛}
\begin{cases}
\text{必要条件:若} \sum u_n \text{ 收敛} \Rightarrow \lim\limits_{n\to\infty} u_n = 0 (\lim\limits_{n\to\infty} u_n \neq 0 \Rightarrow \sum u_n \text{ 发散})\\
\text{充要条件:若} \sum u_n \text{ 收敛} \Leftrightarrow \{S_n\} \text{ 有界}
\end{cases}\\
\text{比较判别法:若} u_n \leq v_n
\begin{cases}
\text{当} \sum\limits_{n=1}^{\infty} v_n \text{ 收敛} \Rightarrow \sum\limits_{n=1}^{\infty} u_n \text{ 收敛}\\
\text{当} \sum\limits_{n=1}^{\infty} u_n \text{ 发散} \Rightarrow \sum\limits_{n=1}^{\infty} v_n \text{ 发散}
\end{cases}\\
\quad \downarrow \text{极限形式}\\
\lim\limits_{n\to\infty} \dfrac{u_n}{v_n} = A
\begin{cases}
0 < A < 1, \sum u_n \text{ 与 } \sum v_n \text{ 同敛散性}\\
A = 0, 若 \sum v_n \text{ 收敛则 } \sum u_n \text{ 收敛}\\
A = +\infty, 若 \sum v_n \text{ 发散则 } \sum u_n \text{ 发散}
\end{cases}\\
\text{比值法}: \lim\limits_{n\to\infty} \dfrac{u_{n+1}}{u_n} = l
\begin{cases}
< 1, \text{收敛}\\
> 1, \text{发散}\\
= 1, \text{不确定}
\end{cases}\\
\text{根值法}: \lim\limits_{n\to\infty} \sqrt[n]{u_n} = l
\begin{cases}
< 1, \text{收敛}\\
> 1, \text{发散}\\
= 1, \text{不确定}
\end{cases}
\end{cases}\\
\text{交错级数:莱布尼茨法,若}
\begin{cases}
1. u_n \geq u_{n+1}, n = 1,2,\cdots\\
2. \lim\limits_{n\to\infty} u_n = 0
\end{cases}
\Rightarrow \sum\limits_{n=1}^{\infty} (-1)^n u_n \text{ 收敛}\\
\text{任意项级数:}
\begin{cases}
\sum |u_n| \text{ 收敛} \Rightarrow \sum u_n \text{ 绝对收敛}\\
\sum |u_n| \text{ 发散,} \sum u_n \text{ 收敛} \Rightarrow \sum u_n \text{ 条件收敛}
\end{cases}
\end{cases}
\end{cases}
$$

$$
\text{数项级数}\begin{cases}\text{函数级数}\ \displaystyle\sum_{n=1}^{\infty}a_n x^n\begin{cases}\text{收敛区间}(-R,R),R=\begin{cases}\dfrac{1}{l},0<l<+\infty\\0,l=+\infty\\+\infty,l=0\end{cases},\quad l=\lim_{n\to\infty}\left|\dfrac{a_{n+1}}{a_n}\right|\\[6pt]\text{性质:幂函数在收敛区间内}\ S(x)=\sum a_n x^n\begin{cases}1.\ \text{连续}\\2.\ \text{逐项求导},S'(x)=\sum a_n n x^{n-1}\\3.\ \text{逐项积分},\displaystyle\int_0^x S(x)\,\mathrm{d}x=\sum\dfrac{a_n}{n+1}x^{n+1}\end{cases}\end{cases}\\[12pt]\text{级数敛散性}\\\text{一般判别步骤}\ \displaystyle\sum u_n\to\lim_{n\to\infty}u_n\begin{cases}\neq 0\Rightarrow\sum u_n\ \text{发散}\\[4pt]=0\to\sum|u_n|\begin{cases}\text{比较判别法}\begin{cases}\text{收敛}\Rightarrow\sum u_n\ \text{绝对收敛}\\\text{发散}\begin{cases}\text{交错级数:莱布尼兹判别法}\\\text{任意级数:收敛性定义}\end{cases}\end{cases}\\\text{比值}\lim\limits_{n\to\infty}\dfrac{u_{n+1}}{u_n}\text{或根值}\lim\limits_{n\to\infty}\sqrt[n]{u_n}\begin{cases}\text{收敛}\Rightarrow\sum u_n\ \text{绝对收敛}\\\text{发散}\Rightarrow\sum u_n\ \text{发散}\end{cases}\end{cases}\end{cases}\end{cases}
$$

二、学习重难点

1. 了解无穷级数及其一般项、部分和、收敛与发散,以及收敛级数的和等基本概念.
2. 掌握几何级数与 p 级数的敛散性判别条件;知道调和级数的敛散性.
3. 掌握级数收敛的必要条件,以及收敛级数的基本性质.
4. 掌握正项级数的比较判别法;熟练掌握正项级数的达朗贝尔比值判别法.
5. 掌握交错级数的莱布尼兹判别法.
6. 了解任意项级数绝对收敛与条件收敛的概念;掌握绝对收敛与条件收敛的判别方法.
7. 掌握幂级数的收敛区间与收敛域的求法;了解函数的幂级数展开.

三、典型例题解析

【例 8.1】　已知级数 $\displaystyle\sum_{n=1}^{\infty}\dfrac{1}{(2n-1)(2n+1)}$.

(1)写出此级数的前两项 u_1,u_2;

(2)计算部分和 S_1,S_2;

(3)计算前 n 项部分和 S_n;

(4)用级数收敛性定义验证这个级数是收敛的,并求其和.

解　(1)　$u_1=\dfrac{1}{(2-1)(2+1)}=\dfrac{1}{1\times 3}$,　　　$u_2=\dfrac{1}{(4-1)(4+1)}=\dfrac{1}{3\times 5}$

(2)$S_1=u_1=\dfrac{1}{3}$

$$S_2=u_1+u_2=\dfrac{1}{3}+\dfrac{1}{3\times 5}=\dfrac{1}{2}\left(1-\dfrac{1}{3}\right)+\dfrac{1}{2}\left(\dfrac{1}{3}-\dfrac{1}{5}\right)=\dfrac{1}{2}\left(1-\dfrac{1}{5}\right)$$

（3）因为

$$u_n = \frac{1}{(2n-1)(2n+1)} = \frac{1}{2}\left(\frac{1}{2n-1} - \frac{1}{2n+1}\right)$$

故

$$S_n = u_1 + u_2 + \cdots + u_n = \frac{1}{2}\left(1 - \frac{1}{3}\right) + \frac{1}{2}\left(\frac{1}{3} - \frac{1}{5}\right) + \cdots + \frac{1}{2}\left(\frac{1}{2n-1} - \frac{1}{2n+1}\right) = \frac{1}{2}\left(1 - \frac{1}{2n+1}\right)$$

（4）因为

$$\lim_{n \to \infty} S_n = \lim_{n \to \infty} \frac{1}{2}\left(1 - \frac{1}{2n+1}\right) = \frac{1}{2}$$

故

$$\sum_{n=1}^{\infty} \frac{1}{(2n-1)(2n+1)} \text{收敛，其和为 } S = \frac{1}{2}$$

【例 8.2】 求常数项级数 $\sum_{n=0}^{\infty} \frac{n+1}{a^n}(|a| > 1)$ 之和.

解 令 $S_n = 1 + \frac{2}{a} + \frac{3}{a^2} + \cdots + \frac{n}{a^{n-1}}(|a| > 1)$，则

$$aS_n = a + 2 + \frac{3}{a} + \cdots + \frac{n-1}{a^{n-3}} + \frac{n}{a^{n-2}}$$

以上两式相减,得

$$(a-1)S_n = a + 1 + \frac{1}{a} + \frac{1}{a^2} + \cdots + \frac{1}{a^{n-2}} - \frac{n}{a^{n-1}}$$

即

$$S_n = \frac{a}{a-1} + \frac{1}{a-1}\left(1 + \frac{1}{a} + \frac{1}{a^2} + \cdots + \frac{1}{a^{n-2}} - \frac{n}{a^{n-1}}\right)$$

$$= \frac{a}{a-1} + \frac{1}{a-1}\left(\frac{1 - \frac{1}{a^{n-1}}}{1 - \frac{1}{a}} - \frac{n}{a^{n-1}}\right)$$

又因为

$$\lim_{n \to \infty} S_n = \frac{a}{a-1} + \frac{1}{a-1}\left(\frac{1}{1 - \frac{1}{a}}\right) = \frac{a^2}{(a-1)^2}$$

所以

$$\sum_{n=0}^{\infty} \frac{n+1}{a^n} = \frac{a^2}{(a-1)^2} \qquad (|a| > 1)$$

注：利用等比级数 $\sum_{n=0}^{\infty} ar^n = \frac{a}{1-r}(|r| < 1)$ 判别级数的敛散性及求 $\sum_{n=1}^{\infty} u_n$ 和是常用的方法.

【例 8.3】 用比较判别法或比较判别法的极限形式判别下列级数的敛散性：

（1）$\sum_{n=1}^{\infty} \frac{4n-1}{n+n^2}$；　　（2）$\sum_{n=1}^{\infty} \frac{2+(-1)^n}{2^n}$；　　（3）$\sum_{n=1}^{\infty} \tan\frac{\pi}{2^n}$；　　（4）$\sum_{n=1}^{\infty} \frac{1}{\sqrt{n}} \ln\frac{n+1}{n-1}$.

解　（1）因为

$$\lim_{n \to \infty} \frac{\dfrac{4n-1}{n^2+n}}{\dfrac{1}{n}} = \lim_{n \to \infty} \frac{4 - \dfrac{1}{n}}{1 + \dfrac{1}{n}} = 4$$

而 $\displaystyle\sum_{n=1}^{\infty} \frac{1}{n}$ 发散,故由比较判别法极限形式可知,级数 $\displaystyle\sum_{n=1}^{\infty} \frac{4n-1}{n+n^2}$ 发散.

（2）因为

$$u_n = \frac{2 + (-1)^n}{2^n} \leqslant \frac{3}{2^n}$$

而 $\displaystyle\sum_{n=1}^{\infty} \frac{3}{2^n}$ 收敛,故由比较判别法可知,级数 $\displaystyle\sum_{n=1}^{\infty} \frac{2 + (-1)^n}{2^n}$ 收敛.

（3）因为

$$\lim_{n \to \infty} \frac{\tan \dfrac{\pi}{2^n}}{\dfrac{\pi}{2^n}} = 1$$

而 $\displaystyle\sum_{n=1}^{\infty} \frac{\pi}{2^n}$ 收敛,故 $\displaystyle\sum_{n=1}^{\infty} \tan \frac{\pi}{2^n}$ 收敛.

（4）因为

$$\lim_{n \to \infty} \frac{\dfrac{1}{\sqrt{n}} \ln \dfrac{n+1}{n-1}}{\dfrac{2}{n\sqrt{n}}} = \lim_{n \to \infty} \frac{\dfrac{1}{\sqrt{n}} \cdot \dfrac{2}{n-1}}{\dfrac{2}{n\sqrt{n}}} = 1$$

而 $\displaystyle\sum_{n=1}^{\infty} \frac{2}{n\sqrt{n}}$ 收敛,故 $\displaystyle\sum_{n=1}^{\infty} \frac{1}{\sqrt{n}} \ln \frac{n+1}{n-1}$ 收敛.

注:比较判别法判断级数的敛散性,一般可从等价无穷小量出发,找一个已知敛散性的级数与之比较.

【**例**8.4】　用比值判别法判别下列级数的敛散性:

（1）$\displaystyle\sum_{n=1}^{\infty} \frac{2^n n!}{n^n}$；　　　　（2）$\displaystyle\sum_{n=1}^{\infty} \frac{1 \cdot 3 \cdot 5 \cdot \cdots \cdot (2n-1)}{3^n \cdot n!}$；　　　　（3）$\displaystyle\sum_{n=1}^{\infty} \frac{1}{n^2 (\sqrt{3}-1)^n}$.

解　（1）因为

$$\lim_{n \to \infty} \frac{u_{n+1}}{u_n} = \lim_{n \to \infty} \frac{\dfrac{2^{n+1}(n+1)!}{(n+1)^{n+1}}}{\dfrac{2^n n!}{n^n}} = \lim_{n \to \infty} \frac{2n^n}{(n+1)^n}$$

$$= \lim_{n \to \infty} 2 \left(\frac{n}{n+1} \right)^n = \lim_{n \to \infty} 2 \frac{1}{\left(1 + \dfrac{1}{n}\right)^n} = \frac{2}{e} < 1$$

故由比值判别法可知,级数 $\displaystyle\sum_{n=1}^{\infty} \frac{2^n n!}{n^n}$ 收敛.

（2）因为

$$\lim_{n\to\infty}\frac{u_{n+1}}{u_n}=\lim_{n\to\infty}\frac{\dfrac{1\cdot3\cdot5\cdot\cdots\cdot(2n+1)}{3^{n+1}\cdot(n+1)!}}{\dfrac{1\cdot3\cdot5\cdot\cdots\cdot(2n-1)}{3^n\cdot n!}}=\lim_{n\to\infty}\frac{2n+1}{n+1}\cdot\frac{1}{3}=\frac{2}{3}<1$$

故由比值判别法可知,级数 $\sum\limits_{n=1}^{\infty}\dfrac{1\cdot3\cdot5\cdot\cdots\cdot(2n-1)}{3^n\cdot n!}$ 收敛.

（3）因为

$$\lim_{n\to\infty}\frac{u_{n+1}}{u_n}=\lim_{n\to\infty}\frac{\dfrac{1}{(n+1)^2(\sqrt{3}-1)^{n+1}}}{\dfrac{1}{n^2(\sqrt{3}-1)^n}}=\lim_{n\to\infty}\frac{1}{\sqrt{3}-1}\cdot\left(\frac{n}{n+1}\right)^2=\frac{1}{\sqrt{3}-1}>1$$

故由比值判别法可知,级数 $\sum\limits_{n=1}^{\infty}\dfrac{1}{n^2(\sqrt{3}-1)^n}$ 发散.

注:通过上面(1)—(3)题,当一般项 u_n 中含有 a^n,$n!$ 等或 u_{n+1} 与 u_n 有公因子时,常用比值判别法.

【例8.5】 用根值判别法判别级数 $\sum\limits_{n=1}^{\infty}\left(\arcsin\dfrac{1}{n}\right)^n$ 的敛散性.

解 因为

$$\lim_{n\to\infty}\sqrt[n]{u_n}=\lim_{n\to\infty}\sqrt[n]{\left(\arcsin\frac{1}{n}\right)^n}=\lim_{n\to\infty}\arcsin\frac{1}{n}=0<1$$

故由根值判别法可知,级数 $\sum\limits_{n=1}^{\infty}\left(\arcsin\dfrac{1}{n}\right)^n$ 收敛.

注:当一般项 u_n 中含有 a^n,n^n 等时,常用根值判别法.

【例8.6】 判别下列级数的敛散性,若收敛,是条件收敛还是绝对收敛?

（1）$\sum\limits_{n=1}^{\infty}(-1)^{n-1}\dfrac{2n-1}{2^n}$;　　　　（2）$\sum\limits_{n=1}^{\infty}(-1)^n[\sqrt{n+1}-\sqrt{n}]$;

（3）$\sum\limits_{n=1}^{\infty}(-1)^{n-1}\dfrac{(2n)!!}{(2n-1)!!}$.

解 （1）因

$$\sum_{n=1}^{\infty}\left|(-1)^{n-1}\frac{2n-1}{2^n}\right|=\sum_{n=1}^{\infty}\frac{2n-1}{2^n}$$

$$\lim_{n\to\infty}\frac{u_{n+1}}{u_n}=\lim_{n\to\infty}\frac{\dfrac{2n+3}{2^{n+1}}}{\dfrac{2n+1}{2^n}}=\lim_{n\to\infty}\frac{2n+3}{2(2n+1)}=\frac{1}{2}<1$$

故 $\sum\limits_{n=1}^{\infty}\dfrac{2n-1}{2^n}$ 收敛.

从而

$$\sum_{n=1}^{\infty}(-1)^{n-1}\frac{2n-1}{2^n}\text{绝对收敛.}$$

（2）由于

$$\sum_{n=1}^{\infty} \left| (-1)^n \left[\sqrt{n+1} - \sqrt{n} \right] \right| = \sum_{n=1}^{\infty} \left[\sqrt{n+1} - \sqrt{n} \right]$$

而

$$u_n = \left[\sqrt{n+1} - \sqrt{n} \right] = \frac{1}{\sqrt{n+1} + \sqrt{n}} \sim \frac{1}{2\sqrt{n}}$$

因为

$$\lim_{n \to \infty} \frac{\sqrt{n+1} - \sqrt{n}}{\frac{1}{\sqrt{n}}} = \lim_{n \to \infty} \frac{\sqrt{n}}{\sqrt{n+1} + \sqrt{n}} = \frac{1}{2}$$

而 $\sum_{n=1}^{\infty} \frac{1}{\sqrt{n}}$ 发散.

因此，由比较判别法的极限形式可知，级数 $\sum_{n=1}^{\infty} \left[\sqrt{n+1} - \sqrt{n} \right]$ 发散.

但是：

① $\lim_{n \to +\infty} u_n = \lim_{n \to \infty} \left[\sqrt{n+1} - \sqrt{n} \right] = \lim_{n \to \infty} \frac{1}{\sqrt{n+1} + \sqrt{n}} = 0$

②因为

$$u_n - u_{n+1} = (\sqrt{n+1} - \sqrt{n}) - (\sqrt{n+2} - \sqrt{n+1})$$

$$= \frac{1}{\sqrt{n+1} + \sqrt{n}} - \frac{1}{\sqrt{n+2} + \sqrt{n+1}} = \frac{(\sqrt{n+2} - \sqrt{n})}{(\sqrt{n+1} + \sqrt{n})(\sqrt{n+2} + \sqrt{n+1})} > 0$$

故

$$u_n - u_{n+1} > 0$$

即

$$u_n > u_{n+1}$$

由莱布尼茨判别法可知，$\sum_{n=1}^{\infty} (-1)^n \left[\sqrt{n+1} - \sqrt{n} \right]$ 条件收敛.

注：考查 u_{n+1} 与 u_n 的大小，常用的方法有以下 3 种：

方法 1：看 $\frac{u_{n+1}}{u_n}$ 是否小于 1.

方法 2：看 $u_n - u_{n+1}$ 是否大于 0.

方法 3：看 u_n 对 n 的导数是否小于 0（此时，将 n 看成连续自变量）.

（3）因为

$$\lim_{n \to \infty} \frac{2 \cdot 4 \cdot 6 \cdot \cdots \cdot (2n)}{1 \cdot 3 \cdot 5 \cdot \cdots \cdot (2n-1)} \neq 0$$

故原级数发散.

【例 8.7】 求幂级数 $\sum_{n=0}^{\infty} \frac{x^n}{n+1}$ 的和函数 $S(x)$.

解　（1）求 $\sum_{n=0}^{\infty} \frac{x^n}{n+1}$ 的收敛域

因为

$$R = \lim_{n \to \infty} \frac{|a_n|}{|a_{n+1}|} = \lim_{n \to \infty} \frac{n+2}{n+1} = 1$$

当 $x = -1$ 时,原级数为 $\sum_{n=0}^{\infty} \frac{(-1)^n}{n+1}$,是收敛的交错级数.

当 $x = 1$ 时,原级数为 $\sum_{n=0}^{\infty} \frac{1}{n+1}$,是发散的.

因此,收敛域为 $[-1,1)$.

(2) 求 $\sum_{n=0}^{\infty} \frac{x^n}{n+1}$ 的和函数 $S(x)$.

设

$$S(x) = \sum_{n=0}^{\infty} \frac{x^n}{n+1} \qquad x \in [-1,1)$$

因为

$$xS(x) = \sum_{n=0}^{\infty} \frac{x^{n+1}}{n+1}$$

故

$$[xS(x)]' = \sum_{n=0}^{\infty} \left(\frac{x^{n+1}}{n+1} \right)' = \sum_{n=0}^{\infty} x^n = \frac{1}{1-x}$$

故

$$xS(x) - 0S(0) = \int_0^x [xS(x)]' dx = \int_0^x \frac{1}{1-x} dx = -\ln(1-x) \qquad -1 \leqslant x < 1$$

于是,当 $x \neq 0$ 时,有

$$S(x) = -\frac{1}{x} \ln(1-x)$$

$$S(0) = \lim_{x \to 0} S(x) = \lim_{x \to 0} \left[-\frac{1}{x} \ln(1-x) \right] = 1 \qquad （也可由 S(0) = a_0 = 1 得出）$$

故

$$S(x) = \begin{cases} -\dfrac{1}{x} \ln(1-x) & x \in [-1,0) \cup (0,1) \\ 1 & x = 0 \end{cases}$$

四、本章自测题

一、填空题

1. $\sum_{n=1}^{\infty} \frac{1}{(n+1)(n+2)} = $ _____.

2. 已知数列 $\{a_n\}$ 收敛于 a,级数 $\sum_{n=1}^{\infty} (a_n - a_{n+1})$ 的部分和 $S_n = $ _____,此级数的和 $S = $ _____.

3. 若级数 $\sum_{n=1}^{\infty} (u_n - 3)$ 收敛,则 $\lim_{n \to \infty} (3u_n - 1) = $ _____.

4. 已知 $\sum\limits_{n=1}^{\infty}\left(2+\dfrac{1}{u_n}\right)$ 收敛,则 $\lim\limits_{n\to\infty}u_n=$ _____.

5. 级数 $\sum\limits_{n=0}^{\infty}\left(\dfrac{\ln 3}{2}\right)^n$ 的和为 _____.

6. 已知级数 $\sum\limits_{n=1}^{\infty}u_n=a$,则级数 $\sum\limits_{n=1}^{\infty}(u_n-u_{n+1})$ 的部分和 $S_n=$ _____,此级数的和 $S=$
_____.

7. 已知级数 $\sum\limits_{n=1}^{\infty}(-1)^{n-1}a_n=2$,$\sum\limits_{n=1}^{\infty}a_{2n-1}=5$,则级数 $\sum\limits_{n=1}^{\infty}a_n=$ _____.

8. 若级数 $\sum\limits_{n=1}^{\infty}\dfrac{(-1)^n+a}{n}$ 收敛,则 $a=$ _____.

9. 级数 $\sum\limits_{n=1}^{\infty}(-1)^n\dfrac{n}{n+1}$ 的敛散性是 _____(填"收敛"或"发散").

10. 级数 $\sum\limits_{n=1}^{\infty}\dfrac{x^n}{3^n}$ 的收敛半径为 _____,收敛域为 _____.

11. 设幂级数 $\sum\limits_{n=1}^{\infty}a_n x^n$ 在 $x=-1$ 时收敛,在 $x=1$ 时发散,则该幂级数的收敛半径 $R=$
_____.

12. 级数 $\sum\limits_{n=1}^{\infty}\dfrac{(x-2)^{2n}}{n\cdot 4^n}$ 的收敛域为 _____.

*13. $f(x)=\mathrm{e}^x$ 的麦克劳林级数为 _____,其中 x 应满足 _____.

二、单项选择题

1. 下列说法正确的是( ).

A. 若 $\sum\limits_{n=1}^{\infty}u_n$,$\sum\limits_{n=1}^{\infty}v_n$ 都发散,则 $\sum\limits_{n=1}^{\infty}(u_n+v_n)$ 发散

B. 若 $\sum\limits_{n=1}^{\infty}u_n$ 发散,则 $\sum\limits_{n=1}^{\infty}\dfrac{1}{u_n}$ 收敛

C. 若 $\sum\limits_{n=1}^{\infty}u_n$,$\sum\limits_{n=1}^{\infty}v_n$ 都发散,则 $\sum\limits_{n=1}^{\infty}u_n v_n$ 发散

D. 若 $\sum\limits_{n=1}^{\infty}u_n$ 收敛,则 $\sum\limits_{n=1}^{\infty}\dfrac{1}{u_n}$ 发散

2. 若 $\sum\limits_{n=1}^{\infty}u_n$ 收敛,$\sum\limits_{n=1}^{\infty}v_n$ 发散,则对 $\sum\limits_{n=1}^{\infty}(u_n\pm v_n)$ 来说,结论( )必成立.

A. 级数收敛

B. 级数发散

C. 其敛散性不定

D. 等于 $\sum\limits_{n=1}^{\infty}u_n\pm\sum\limits_{n=1}^{\infty}v_n$

3. 设有以下命题:

(1) 若 $\sum\limits_{n=1}^{\infty}(u_{2n-1}+u_{2n})$ 收敛,则 $\sum\limits_{n=1}^{\infty}u_n$ 收敛;

(2) $\sum\limits_{n=1}^{\infty}u_n$ 收敛,则 $\sum\limits_{n=1}^{\infty}u_{n+1000}$ 收敛;

(3) 若 $\lim\limits_{n\to\infty}\dfrac{u_{n+1}}{u_n}>1$,则 $\sum\limits_{n=1}^{\infty}u_n$ 发散;

(4) 若 $\sum\limits_{n=1}^{\infty}(u_n+v_n)$ 收敛,则 $\sum\limits_{n=1}^{\infty}u_n$, $\sum\limits_{n=1}^{\infty}v_n$ 都收敛.

则以上命题中正确的是(　　).

A. (1)、(2)　　　　B. (2)、(3)　　　　C. (3)、(4)　　　　D. (1)、(4)

4. 若 $\sum\limits_{n=1}^{\infty}a_n^2$ 收敛,则 $\sum\limits_{n=1}^{\infty}\dfrac{a_n}{n}$(　　).

A. 条件收敛　　　　B. 发散　　　　C. 敛散性不定　　　　D. 绝对收敛

5. 若级数 $\sum\limits_{n=1}^{\infty}\dfrac{(-1)^n}{n^{p-2}}$ 收敛,则 p 的取值范围是(　　).

A. $p\geq 2$　　　　B. $p>2$　　　　C. $p>3$　　　　D. $p\geq 3$

6. 幂级数 $\sum\limits_{n=1}^{\infty}\dfrac{x^n}{\ln(n+1)}$ 的收敛区间为(　　).

A. $(-1,1)$　　　　B. $(-1,1]$　　　　C. $[-1,1)$　　　　D. $[-1,1]$

*7. 设 $0\leq a_n\leq\dfrac{1}{n}(n=1,2,\cdots)$,则下列级数中绝对收敛的是(　　).

A. $\sum\limits_{n=1}^{\infty}a_n$　　　　B. $\sum\limits_{n=1}^{\infty}(-1)^n a_n$　　　　C. $\sum\limits_{n=1}^{\infty}\sqrt{a_n}$　　　　D. $\sum\limits_{n=1}^{\infty}(-1)^n a_n^2$

*8. 设 $a_n>0(n=1,2,\cdots)$,若 $\sum\limits_{n=1}^{\infty}a_n$ 发散, $\sum\limits_{n=1}^{\infty}(-1)^n a_n$ 收敛,则下列命题正确的是(　　).

A. $\sum\limits_{n=1}^{\infty}a_{2n-1}$ 收敛, $\sum\limits_{n=1}^{\infty}a_{2n}$ 发散　　　　B. $\sum\limits_{n=1}^{\infty}a_{2n}$ 收敛, $\sum\limits_{n=1}^{\infty}a_{2n-1}$ 发散

C. $\sum\limits_{n=1}^{\infty}(a_{2n-1}+a_{2n})$ 收敛　　　　D. $\sum\limits_{n=1}^{\infty}(a_{2n-1}-a_{2n})$ 收敛

9. 设幂级数 $\sum\limits_{n=0}^{\infty}a_n x^n(a_n>0)$ 在 $x=-3$ 处条件收敛,则幂级数的收敛域为(　　).

A. $(-3,3)$　　　　B. $[-3,3)$　　　　C. $(-3,3]$　　　　D. $[-3,3]$

10. 设幂级数 $\sum\limits_{n=1}^{\infty}a_n x^n$ 与 $\sum\limits_{n=1}^{\infty}b_n x^n$ 的收敛半径分别为 $\dfrac{\sqrt5}{3}$ 与 $\dfrac{1}{3}$,则幂级数 $\sum\limits_{n=1}^{\infty}\dfrac{a_n^2}{b_n^2}x^n$ 的收敛半径为(　　).

A. 5　　　　B. $\dfrac{\sqrt5}{3}$　　　　C. $\dfrac{1}{3}$　　　　D. $\dfrac{1}{5}$

三、计算题

1. 判断级数 $\sum\limits_{n=0}^{\infty}3^n\sin\dfrac{\pi}{5^n}$ 的敛散性.

2. 判断级数 $\sum\limits_{n=0}^{\infty}\dfrac{n}{2^n}$ 的敛散性.

3. 判断级数 $\sum\limits_{n=1}^{\infty}\dfrac{5^n\cdot n!}{n^{n+1}}$ 的敛散性.

4. 判断级数 $\displaystyle\sum_{n=1}^{\infty} \frac{3+(-1)^n}{3^{n+1}}$ 的敛散性.

5. 判断级数 $\displaystyle\sum_{n=1}^{\infty} \left(\frac{2n}{n+1}\right)^n$ 的敛散性.

6. 求幂级数 $\displaystyle\sum_{n=1}^{\infty} nx^n$ 的收敛半径、收敛区间和收敛域.

7. 求幂级数 $\displaystyle\sum_{n=1}^{\infty} \frac{2^n}{n^2+1}x^n$ 的收敛域.

8. 求幂级数 $\displaystyle\sum_{n=1}^{\infty} nx^{n-1}$ 的和函数.

9. 求幂级数 $\displaystyle\sum_{n=1}^{\infty} \frac{(x-3)^n}{n\cdot 3^n}$ 的收敛域.

*10. 将函数 $a^x(a>0, a\neq 1)$ 展开成 x 的幂级数,并求展开式成立的区间.

四、证明题

1. 已知 $a_n>0$,且 $\lim\limits_{n\to\infty}na_n=A$,试证:若 $\displaystyle\sum_{n=1}^{\infty}a_n$ 收敛,则 $A=0$.

2. 若 $\displaystyle\sum_{n=1}^{\infty}u_n^2$ 与 $\displaystyle\sum_{n=1}^{\infty}v_n^2$ 均收敛,试证 $\displaystyle\sum_{n=1}^{\infty}u_nv_n$ 绝对收敛.

3. 设级数 $\displaystyle\sum_{n=1}^{\infty}a_n$ 和 $\displaystyle\sum_{n=1}^{\infty}c_n$ 都收敛,且一切 n 有 $a_n\leq b_n\leq c_n$,试证:级数 $\displaystyle\sum_{n=1}^{\infty}b_n$ 收敛.

五、本章自测题题解

一、填空题

1. $\frac{1}{2}$　　2. $a_1-a_{n+1}; a_1-a$　　3. 8　　4. $-\frac{1}{2}$　　5. $\frac{2}{2-\ln 3}$　　6. $u_1-u_{n+1}; u_1$　　7. 8

8. 0　　9. 发散　　10. 3;$(-3,3)$　　11. 1　　12. $(0,4)$　　13. $1+x+\frac{1}{2!}x^2+\cdots+$

$\frac{1}{n!}x^n+\cdots; x\in \mathbf{R}$

二、单项选择题

1. D　　2. B　　3. B　　4. D　　5. B　　6. C　　7. D　　8. D　　9. B　　10. A

三、计算题

1. 解:$u_n=3^n\sin\frac{\pi}{5^n}\geq 0 (n\in \mathbf{N})$,所以原级数为正项级数,又有

$$\sin\frac{\pi}{5^n} < \frac{\pi}{5^n}$$

而几何级数 $\displaystyle\sum_{n=0}^{\infty}3^n\frac{\pi}{5^n}$ 收敛,由正项级数的比较判别法可知,级数 $\displaystyle\sum_{n=0}^{\infty}3^n\sin\frac{\pi}{5^n}$ 收敛.

2. 解:$u_n=\frac{n}{2^n}>0 (n\in \mathbf{N})$,所以原级数为正项级数,又有

$$\lim_{n\to\infty}\frac{n+1}{2^{n+1}}\times\frac{2^n}{n}=\frac{1}{2}<1$$

由正项级数的比值判别法可知,级数 $\sum\limits_{n=0}^{\infty} \dfrac{n}{2^n}$ 收敛.

3. 解:该级数为正项级数,因为

$$\lim_{n \to \infty} \frac{u_{n+1}}{u_n} = \lim_{n \to \infty} \frac{5^{n+1}(n+1)!}{(n+1)^{n+2}} \frac{n^{n+1}}{5^n \cdot n!} = \lim_{n \to \infty} \frac{5}{\left(1 + \dfrac{1}{n}\right)^{n+1}} = \frac{5}{e} > 1$$

因此,由正项级数的比值判别法可知,原级数发散.

4. 解:该级数为正项级数,因为

$$u_n = \frac{3 + (-1)^n}{3^{n+1}} \leqslant \frac{9}{3^{n+1}} = \frac{1}{3^{n-1}}$$

而级数 $\sum\limits_{n=1}^{\infty} \dfrac{1}{3^{n-1}}$ 收敛,故原级数收敛.

5. 解:$u_n = \left(\dfrac{2n}{n+1}\right)^n > 0 (n \in \mathbf{Z}^+)$,所以原级数为正项级数,又有

$$\lim_{n \to \infty} \sqrt[n]{\left(\frac{2n}{n+1}\right)^n} = 2 > 1$$

由正项级数的根值判别法可知,级数 $\sum\limits_{n=1}^{\infty} \left(\dfrac{2n}{n+1}\right)^n$ 发散.

6. 解:$\lim\limits_{n \to \infty} \left| \dfrac{a_{n+1}}{a_n} \right| = \lim\limits_{n \to \infty} \left| \dfrac{n+1}{n} \right| = 1$,所以该幂级数的收敛半径 $R = 1$,收敛区间为 $(-1, 1)$.
当 $x = 1$ 时,原级数发散;当 $x = -1$ 时,原级数也发散. 因此,原级数收敛域为 $(-1, 1)$.

7. 解:
$$\lim_{n \to \infty} \left| \frac{a_{n+1}}{a_n} \right| = \lim_{n \to \infty} \left| \frac{2^{n+1}}{(n+1)^2 + 1} \cdot \frac{n^2+1}{2^n} \right| = 2$$

所以该幂级数的收敛半径 $R = \dfrac{1}{2}$,收敛区间为 $\left(-\dfrac{1}{2}, \dfrac{1}{2} \right)$.

当 $x = \dfrac{1}{2}$ 时,原级数收敛;当 $x = -\dfrac{1}{2}$ 时,原级数也收敛. 因此,原级数收敛域为 $\left[-\dfrac{1}{2}, \dfrac{1}{2} \right]$.

8. 解:设

$$S(x) = \sum_{n=1}^{\infty} n x^{n-1} = \sum_{n=1}^{\infty} (x^n)' = \left(\sum_{n=1}^{\infty} x^n \right)' = \left(\frac{x}{1-x} \right)' = \frac{1}{(1-x)^2}$$

又 $x = \pm 1$ 时,$\sum\limits_{n=1}^{\infty} n x^{n-1}$ 发散. 故

$$S(x) = \frac{1}{(1-x)^2} \qquad x \in (-1, 1)$$

9. 解:令 $x - 3 = t$,原级数化为 $\sum\limits_{n=1}^{\infty} \dfrac{t^n}{n \cdot 3^n}$,其收敛半径为

$$R = \lim_{n \to \infty} \left| \frac{a_n}{a_{n+1}} \right| = \lim_{n \to \infty} \frac{(n+1) \cdot 3^{n+1}}{n \cdot 3^n} = 3$$

当 $t = 3$ 时,$\sum\limits_{n=1}^{\infty} \dfrac{1}{n}$ 为发散;当 $t = -3$ 时,$\sum\limits_{n=1}^{\infty} (-1)^n \dfrac{1}{n}$ 为收敛的交错级数.

故 $\sum\limits_{n=1}^{\infty}\dfrac{t^n}{n\cdot 3^n}$ 的收敛域为 $t\in[-3,3)$，则此可得原级数的收敛域为 $[0,6)$.

10. 解： $y=a^x,y'=a^x\ln a,y''=a^x(\ln a)^2,\cdots,y^{(n)}=a^x(\ln a)^n$

故
$$y(0)=1,y'(0)=\ln a,y''(0)=(\ln a)^2,\cdots,y^{(n)}(0)=(\ln a)^n$$

由麦克劳林公式知
$$a^x=1+x\ln a+\frac{(\ln a)^2}{2!}x^2+\cdots+\frac{(\ln a)^n}{n!}x^n+\cdots,x\in\mathbf{R}$$

四、证明题

1. 证：若 $\sum\limits_{n=1}^{\infty}a_n$ 收敛，设 $A\neq 0$，而
$$A=\lim_{n\to\infty}na=\lim_{n\to\infty}\frac{a_n}{\dfrac{1}{n}}$$

故 $\sum\limits_{n=1}^{\infty}a_n$ 与 $\sum\limits_{n=1}^{\infty}\dfrac{1}{n}$ 有相同的敛散性，故 $\sum\limits_{n=1}^{\infty}a_n$ 发散，与题设矛盾，因此 $A=0$.

2. 证：因为
$$|u_nv_n|\leqslant\frac{1}{2}(u_n^2+v_n^2)$$

而 $\sum\limits_{n=1}^{\infty}u_n^2$ 与 $\sum\limits_{n=1}^{\infty}v_n^2$ 均收敛，故 $\sum\limits_{n=1}^{\infty}(u_n^2+v_n^2)$ 也收敛. 因此，原级数绝对收敛.

3. 证：由 $a_n\leqslant b_n\leqslant c_n$ 可得
$$0\leqslant b_n-a_n\leqslant c_n-a_n$$

因为 $\sum\limits_{n=1}^{\infty}a_n\cdot\sum\limits_{n=1}^{\infty}c_n$ 都收敛，故 $\sum\limits_{n=1}^{\infty}(c_n-a_n)$ 收敛. 由比较判别法可知，级数 $\sum\limits_{n=1}^{\infty}(b_n-a_n)$ 也收敛，又因为
$$b_n=a_n+(b_n-a_n)$$

故
$$\sum_{n=1}^{\infty}b_n=\sum_{n=1}^{\infty}a_n+\sum_{n=1}^{\infty}(b_n-a_n)$$

收敛.

六、本章 B 组习题详解

一、填空题

1. 若级数 $\sum\limits_{n=1}^{\infty}u_n$ 收敛，则 $\lim\limits_{n\to\infty}(u_n-1)=$ _____.

解：因为级数 $\sum\limits_{n=1}^{\infty}u_n$ 收敛，由收敛的必要条件有
$$\lim_{n\to\infty}u_n=0$$

故

$$\lim_{n\to\infty}(u_n - 1) = -1$$

2. 若级数 $\sum\limits_{n=1}^{\infty} u_n = S$，则级数 $\sum\limits_{n=1}^{\infty}(u_n + u_{n+1}) = $ _____.

解：因为

$$\sum_{n=1}^{\infty} u_n = S$$

故

$$\sum_{n=1}^{\infty}(u_n + u_{n+1}) = \sum_{n=1}^{\infty} u_n + \sum_{n=1}^{\infty} u_{n+1} = \sum_{n=1}^{\infty} u_n + \left(\sum_{n=1}^{\infty} u_n - u_1\right) = 2S - u_1$$

3. 若级数 $\sum\limits_{n=1}^{\infty} u_n$ 的部分和数列为 $S_n = \dfrac{2n}{n+1}$，则 $u_n = $ _____，$\sum\limits_{n=1}^{\infty} u_n = $ _____.

解：由部分和与通项的关系得

$$u_n = S_n - S_{n-1} = \frac{2n}{n+1} - \frac{2(n-1)}{n-1+1} = \frac{2n}{n+1} - \frac{2(n-1)}{n} = \frac{2n^2 - 2(n-1)(n+1)}{n(n+1)} = \frac{2}{n(n+1)}$$

而

$$\sum_{n=1}^{\infty} u_n = \lim_{n\to\infty} S_n = \lim_{n\to\infty} \frac{2n}{n+1} = 2$$

4. 若级数 $\sum\limits_{n=1}^{\infty} \dfrac{(-1)^n + a}{n}$（$a$ 为常数）收敛，则 a 的取值为 _____.

解：若 $a \neq 0$，则级数 $\sum\limits_{n=1}^{\infty} \dfrac{a}{n}$ 为调和级数，发散.

而 $\sum\limits_{n=1}^{\infty} \dfrac{(-1)^n}{n}$ 为交错调和级数，收敛.

则 $\sum\limits_{n=1}^{\infty} \dfrac{(-1)^n + a}{n} = \sum\limits_{n=1}^{\infty} \dfrac{(-1)^n}{n} + \sum\limits_{n=1}^{\infty} \dfrac{a}{n}$ 为发散，与已知矛盾.

故若级数 $\sum\limits_{n=1}^{\infty} \dfrac{(-1)^n + a}{n}$（$a$ 为常数）收敛，当且仅当 $a = 0$.

5. 级数 $\sum\limits_{n=1}^{\infty} \dfrac{(-1)^{n-1}}{n^p}$ 在 _____ 时发散，在 _____ 时条件收敛，在 _____ 时绝对收敛.

解：由 p-级数、交错 p-级数的结论可知（可参考教材例 8.7 和例 8.17）

级数 $\sum\limits_{n=1}^{\infty} \dfrac{(-1)^{n-1}}{n^p}$ 在 $p \leq 0$ 时发散，在 $0 < p \leq 1$ 时条件收敛，在 $p > 1$ 时绝对收敛.

6. 若 $\lim\limits_{n\to\infty} a_n = a$，则级数 $\sum\limits_{n=1}^{\infty}(a_n - a_{n+1}) = $ _____.

解：记级数 $\sum\limits_{n=1}^{\infty}(a_n - a_{n+1})$ 的部分和为 S_n，则

$$S_n = (a_1 - a_2) + (a_2 - a_3) + \cdots + (a_n - a_{n+1}) = a_1 - a_{n+1}$$

又 $\lim\limits_{n\to\infty} a_n = a$，则由定义得

$$\sum_{n=1}^{\infty} (a_n - a_{n+1}) = \lim_{n \to \infty} S_n = \lim_{n \to \infty} (a_1 - a_{n+1}) = a_1 - \lim_{n \to \infty} a_{n+1} = a_1 - a$$

7. 如果 $a_n \geqslant 0$, 且 $\lim\limits_{n \to \infty} na_n = \lambda \neq 0$, 则级数 $\sum\limits_{n=1}^{\infty} a_n$ 的敛散性为_____.

解: 因为 $a_n \geqslant 0$, 故级数 $\sum\limits_{n=1}^{\infty} a_n$ 为正项级数, 又

$$\lim_{n \to \infty} na_n = \lim_{n \to \infty} \frac{a_n}{\dfrac{1}{n}} = \lambda \neq 0$$

而级数 $\sum\limits_{n=1}^{\infty} \dfrac{1}{n}$ 发散.

因此, 由正项级数的比较判别法的极限形式可知, 级数 $\sum\limits_{n=1}^{\infty} a_n$ 发散.

8. 幂级数 $\sum\limits_{n=1}^{\infty} \dfrac{x^n}{n}$ 的收敛域为_____.

解: 由于收敛半径

$$R = \lim_{n \to \infty} \frac{|a_n|}{|a_{n+1}|} = \lim_{n \to \infty} \frac{\dfrac{1}{n}}{\dfrac{1}{n+1}} = \lim_{n \to \infty} \frac{n+1}{n} = 1$$

当 $x = 1$ 时, 级数成为 $\sum\limits_{n=1}^{\infty} \dfrac{1}{n}$, 该级数发散; 当 $x = -1$ 时, 级数成为 $\sum\limits_{n=1}^{\infty} \dfrac{(-1)^n}{n}$. 该级数收敛, 即所求级数的收敛域为 $[-1, 1)$.

9. 幂级数 $\sum\limits_{n=0}^{\infty} \dfrac{1}{n!} x^{2n+1}$ 的和函数 $S(x) = $ _____.

解: 因为

$$\sum_{n=0}^{\infty} \frac{1}{n!} x^n = e^x$$

故

$$\sum_{n=0}^{\infty} \frac{1}{n!} x^{2n+1} = \sum_{n=0}^{\infty} \frac{1}{n!} x^{2n} \cdot x = x \sum_{n=0}^{\infty} \frac{1}{n!} (x^2)^n = x \cdot e^{x^2}$$

二、单项选择题

1. 正项级数 $\sum\limits_{n=1}^{\infty} u_n$ 收敛的充分必要条件是( ).

A. $\lim\limits_{n \to \infty} u_n = 0$ 　　　　　　　　 B. $\lim\limits_{n \to \infty} \dfrac{u_{n+1}}{u_n} = \rho < 1$

C. 部分和数列 $\{S_n\}$ 有上界 　　　　 D. 数列 $\{u_n\}$ 单调有界

解: 正项级数 $\sum\limits_{n=1}^{\infty} u_n$ 收敛的充分必要条件是部分和数列 $\{S_n\}$ 有上界.

故选 C.

2. 若级数 $\sum\limits_{n=1}^{\infty} u_n$ 发散, k 为常数, 则级数 $\sum\limits_{n=1}^{\infty} ku_n$ 的敛散性为( ).

A. 发散　　　　　　　　　　　　　　B. 可能收敛,也可能发散

C. 收敛　　　　　　　　　　　　　　D. 无界

解:若 $k = 0$,则 $\sum\limits_{n=1}^{\infty} ku_n = \sum\limits_{n=1}^{\infty} 0$,收敛;

若 $k \neq 0$,则由 $\sum\limits_{n=1}^{\infty} u_n$ 发散,得 $\sum\limits_{n=1}^{\infty} ku_n$ 也发散.

故选 B.

3. 级数 $\sum\limits_{n=1}^{\infty} \dfrac{a}{q^n}$($a$ 为常数) 收敛的充分条件是(　　　).

A. $|q| > 1$　　　　　B. $q = 1$　　　　　C. $|q| < 1$　　　　　D. $q < 1$

解:先考查级数 $\sum\limits_{n=1}^{\infty} \left| \dfrac{a}{q^n} \right|$ 的敛散性,即

$$\sum_{n=1}^{\infty} \left| \frac{a}{q^n} \right| = |a| \sum_{n=1}^{\infty} \frac{1}{|q|^n}$$

无论常数 a 是否等于 0,只要满足 $|q| > 1$,则 $\sum\limits_{n=1}^{\infty} \left| \dfrac{a}{q^n} \right|$ 收敛.

此时, $\sum\limits_{n=1}^{\infty} \dfrac{a}{q^n}$ 绝对收敛.

即级数 $\sum\limits_{n=1}^{\infty} \dfrac{a}{q^n}$($a$ 为常数) 收敛的充分条件是 $|q| > 1$.

故选 A.

4. 若级数 $\sum\limits_{n=1}^{\infty} u_n$ 收敛,那么下列级数中发散的是(　　　).

A. $\sum\limits_{n=1}^{\infty} 50u_n$　　　B. $\sum\limits_{n=1}^{\infty} (u_n + 50)$　　　C. $50 + \sum\limits_{n=1}^{\infty} u_n$　　　D. $\sum\limits_{n=1}^{\infty} u_{n+50}$

解:对于选项 A,因为 $\sum\limits_{n=1}^{\infty} u_n$ 收敛,故 $\sum\limits_{n=1}^{\infty} 50u_n = 50\sum\limits_{n=1}^{\infty} u_n$ 也收敛;

对于选项 B, $\sum\limits_{n=1}^{\infty} (u_n + 50) = \sum\limits_{n=1}^{\infty} u_n + \sum\limits_{n=1}^{\infty} 50$,而 $\sum\limits_{n=1}^{\infty} u_n$ 收敛, $\sum\limits_{}^{} 50$ 发散,故 $\sum\limits_{}^{} (u_n + 50)$
发散;

对于选项 C,可看成 $\sum\limits_{n=1}^{\infty} u_n$ 添加一项得到,而 $\sum\limits_{n=1}^{\infty} u_n$ 收敛,故 $50 + \sum\limits_{n=1}^{\infty} u_n$ 也收敛;

对于选项 D, $\sum\limits_{n=1}^{\infty} u_{n+50} = u_{51} + u_{52} + \cdots + u_n + \cdots$ 可看作由 $\sum\limits_{n=1}^{\infty} u_n$ 减少 50 项得到,而 $\sum\limits_{n=1}^{\infty} u_n$
收敛,故 $\sum\limits_{n=1}^{\infty} u_{n+50}$ 也收敛.

故选 B.

5. 若级数 $\sum\limits_{n=1}^{\infty} u_n$ 收敛,且 $u_n \neq 0$ ($n = 1, 2, \cdots$),其和为 S,则级数 $\sum\limits_{n=1}^{\infty} \dfrac{1}{u_n}$ 的敛散性为
(　　　).

A. 收敛且其和为 $\dfrac{1}{S}$　　　　　　　　　　　　B. 收敛但和不一定为 $\dfrac{1}{S}$

C. 发散   D. 可能收敛,也可能发散

解:因为级数 $\sum\limits_{n=1}^{\infty} u_n$ 收敛,且 $u_n \neq 0$ ($n = 1, 2, \cdots$),故

$$\lim_{n \to \infty} u_n = 0$$

则

$$\lim_{n \to \infty} \frac{1}{u_n} = \infty \neq 0$$

故级数 $\sum\limits_{n=1}^{\infty} \dfrac{1}{u_n}$ 一定发散.

故选 C.

6. 设 $0 \leqslant u_n < \dfrac{1}{n}(n = 1, 2, \cdots)$,则在下列级数中肯定收敛的是(   ).

A. $\sum\limits_{n=1}^{\infty} u_n$ B. $\sum\limits_{n=1}^{\infty} (-1)^n u_n$ C. $\sum\limits_{n=1}^{\infty} \sqrt{u_n}$ D. $\sum\limits_{n=1}^{\infty} (-1)^n u_n^2$

解:对于选项 D,先考查正项级数 $\sum\limits_{n=1}^{\infty} |(-1)^n u_n^2| = \sum\limits_{n=1}^{\infty} u_n^2$ 的敛散性:

由于 $0 \leqslant u_n < \dfrac{1}{n}(n = 1, 2, \cdots)$,故

$$0 \leqslant u_n^2 < \frac{1}{n^2}$$

对于正项级数 $\sum\limits_{n=1}^{\infty} u_n^2$ 与 $\sum\limits_{n=1}^{\infty} \dfrac{1}{n^2}$,由于 p-级数 $\sum\limits_{n=1}^{\infty} \dfrac{1}{n^2}$ 收敛,故由比较判别法可知, $\sum\limits_{n=1}^{\infty} u_n^2$ 也收敛

即 $\sum\limits_{n=1}^{\infty} |(-1)^n u_n^2| = \sum\limits_{n=1}^{\infty} u_n^2$ 收敛,故 $\sum\limits_{n=1}^{\infty} (-1)^n u_n^2$ 绝对收敛.

故选 D.

其他几个选项可用举反例的方法说明其不正确.

7. 已知级数 $\sum\limits_{n=1}^{\infty} (-1)^{n-1} a_n = 3$, $\sum\limits_{n=1}^{\infty} a_{2n-1} = 5$,则级数 $\sum\limits_{n=1}^{\infty} a_n$ 等于(   ).

A. 8   B. 7   C. 9   D. 3

解:因为

$$\sum_{n=1}^{\infty} (-1)^{n-1} a_n = a_1 - a_2 + a_3 - a_4 + \cdots = 3 \qquad ①$$

$$\sum_{n=1}^{\infty} a_{2n-1} = a_1 + a_3 + a_5 + \cdots = 5 \qquad ②$$

则式② - 式①,得

$$\sum_{n=1}^{\infty} a_{2n} = a_2 + a_4 + a_6 + \cdots = 5 - 3 = 2$$

则

$$\sum_{n=1}^{\infty} a_n = a_1 + a_2 + a_3 + \cdots + a_n + \cdots = \sum_{n=1}^{\infty} a_{2n-1} + \sum_{n=1}^{\infty} a_{2n} = 7$$

故选 B.

8. 下列级数中,条件收敛的是(   ).

A. $\displaystyle\sum_{n=1}^{\infty} \frac{(-1)^n}{n(n+1)}$
B. $\displaystyle\sum_{n=1}^{\infty} \frac{(-1)^n}{n} \sin\frac{1}{n}$

C. $\displaystyle\sum_{n=1}^{\infty} (-1)^n \frac{1}{\sqrt{n+1}}$
D. $\displaystyle\sum_{n=1}^{\infty} (-1)^n \frac{n}{2n-1}$

解:对于选项 C,由于 $\displaystyle\sum_{n=1}^{\infty} \left| (-1)^n \frac{1}{\sqrt{n+1}} \right| = \sum_{n=1}^{\infty} \frac{1}{\sqrt{n+1}}$ 是发散的 p-级数($0 < p \leqslant 1$),另一方面,因为

$$u_n = \frac{1}{\sqrt{n+1}} > \frac{1}{\sqrt{n+2}} = u_{n+1}$$

且

$$\lim_{n\to\infty} u_n = \lim_{n\to\infty} \frac{1}{\sqrt{n+1}} = 0$$

由莱布尼茨判别法可知,级数 $\displaystyle\sum_{n=1}^{\infty} (-1)^n \frac{1}{\sqrt{n+1}}$ 收敛.

因此,交错级数 $\displaystyle\sum_{n=1}^{\infty} (-1)^n \frac{1}{\sqrt{n+1}}$ 条件收敛.

故选 C.

9. 下列级数中,绝对收敛的是(   ).

A. $\displaystyle\sum_{n=1}^{\infty} (-1)^n \frac{1}{n+1}$
B. $\displaystyle\sum_{n=1}^{\infty} (-1)^n \frac{1}{n^2+1}$

C. $\displaystyle\sum_{n=1}^{\infty} (-1)^n \left(\frac{1}{n} + \frac{1}{n^2} \right)$
D. $\displaystyle\sum_{n=1}^{\infty} (-1)^n \frac{n^2+1}{6n^2+2}$

解:对于选项 B,先考查正项级数 $\displaystyle\sum_{n=1}^{\infty} \left| (-1)^n \frac{1}{n^2+1} \right| = \sum_{n=1}^{\infty} \frac{1}{n^2+1}$ 的敛散性:

由比较判别法的极限形式

$$\lim_{n\to\infty} \frac{\frac{1}{n^2+1}}{\frac{1}{n^2}} = \lim_{n\to\infty} \frac{n^2}{n^2+1} = 1$$

由于 p-级数 $\displaystyle\sum_{n=1}^{\infty} \frac{1}{n^2}$ 收敛,故 $\displaystyle\sum_{n=1}^{\infty} \frac{1}{n^2+1}$ 也收敛,即原级数 $\displaystyle\sum_{n=1}^{\infty} (-1)^n \frac{1}{n^2+1}$ 绝对收敛.

故选 B.

10. 设 $u_n > 0, (n = 1, 2, \cdots)$,若 $\displaystyle\sum_{n=1}^{\infty} u_n$ 发散, $\displaystyle\sum_{n=1}^{\infty} (-1)^n u_n$ 收敛,则下列结论中正确的是(   ).

A. $\displaystyle\sum_{n=1}^{\infty} u_{2n-1}$ 收敛, $\displaystyle\sum_{n=1}^{\infty} u_{2n}$ 发散
B. $\displaystyle\sum_{n=1}^{\infty} u_{2n}$ 收敛, $\displaystyle\sum_{n=1}^{\infty} u_{2n-1}$ 发散

C. $\displaystyle\sum_{n=1}^{\infty} (u_{2n-1} + u_{2n})$ 收敛
D. $\displaystyle\sum_{n=1}^{\infty} (u_{2n-1} - u_{2n})$ 收敛

解:对于选项 D,因为 $\displaystyle\sum_{n=1}^{\infty} (-1)^n u_n$ 收敛,记 $\displaystyle\sum_{n=1}^{\infty} (-1)^n u_n = S$,则 $\displaystyle\lim_{n\to\infty} S_n = S$

故 $\lim\limits_{n\to\infty}S_{2n} = \lim\limits_{n\to\infty}(-u_1 + u_2 - u_3 + u_4 + \cdots - u_{2n-1} + u_{2n}) = S$

记 $\sum\limits_{n=1}^{\infty}(u_{2n-1} - u_{2n})$ 的前 n 项和为 T_n

则

$$\lim\limits_{n\to\infty}T_n = \lim\limits_{n\to\infty}\left[(u_1 - u_2) + (u_3 - u_4) + \cdots + (u_{2n-1} - u_{2n})\right]$$
$$= \lim\limits_{n\to\infty}(-S_{2n}) = -S$$

故 $\sum\limits_{n=1}^{\infty}(u_{2n-1} - u_{2n})$ 收敛.

故选 D.

11. 设幂级数 $\sum\limits_{n=1}^{\infty}a_n(x-1)^n$ 在 $x = -1$ 处收敛,则此级数在 $x = 2$ 处(　　).

A. 条件收敛　　　　　　　　　　　B. 绝对收敛

C. 发散　　　　　　　　　　　　　D. 敛散性不能确定

解:因为幂级数 $\sum\limits_{n=1}^{\infty}a_n(x-1)^n$ 在 $x = -1$ 处收敛,故幂级数 $\sum\limits_{n=1}^{\infty}a_n(x-1)^n$ 的收敛区间至少为

$$-2 < x - 1 < 2$$

即 $(-1, 3)$.

而 $2 \in (-1, 3)$,故幂级数 $\sum\limits_{n=1}^{\infty}a_n(x-1)^n$ 在 $x = 2$ 处绝对收敛.

故选 B.

12. 设幂级数 $\sum\limits_{n=0}^{\infty}a_n x^n$ 的收敛半径为 $R(0 < R < +\infty)$,则 $\sum\limits_{n=0}^{\infty}a_n\left(\dfrac{x}{2}\right)^n$ 的收敛半径为(　　).

A. R　　　　　　B. $\dfrac{2}{R}$　　　　　　C. $2R$　　　　　　D. $\dfrac{R}{2}$

解:因为幂级数 $\sum\limits_{n=0}^{\infty}a_n x^n$ 的收敛半径为 $R(0 < R < +\infty)$,故 $\sum\limits_{n=0}^{\infty}a_n\left(\dfrac{x}{2}\right)^n$ 的收敛区间为

$$-R < \dfrac{x}{2} < R,$$

即

$$-2R < x < 2R$$

故收敛半径为 $2R$.

故选 C.

第 9 章

微分方程与差分方程初步

一、内容提要

微分方程
{
一阶微分方程
{

可分离变量：$\dfrac{dy}{dx}=f(x)g(y)\xrightarrow{\text{变形}}\dfrac{dy}{g(y)}=f(x)dx\xrightarrow{\text{两边积分}}\displaystyle\int\dfrac{dy}{g(y)}=\int f(x)dx+C$

齐次：$\dfrac{dy}{dx}=f\left(\dfrac{y}{x}\right)\xrightarrow{u=\frac{y}{x},\frac{dy}{dx}=u+x\frac{du}{dx}}u+x\dfrac{du}{dx}=f(u)\to\dfrac{du}{f(u)-u}=\dfrac{dx}{x}\to\text{可分离变量}$

线性齐次：$y'+P(x)y=0\xrightarrow{\text{分离}}\dfrac{dy}{y}=-P(x)dx\to\displaystyle\int\dfrac{dy}{y}=-\int P(x)dx\xrightarrow{\text{通解}}y=Ce^{-\int P(x)dx}$

线性非齐次：$y'+P(x)y=Q(x)$
{
常系数变易法：设 $y=u(x)e^{-\int P(x)dx}$ 为通解，将 y,y' 代入原方程求 $u(x)$

公式法：$y=\left[\displaystyle\int Q(x)e^{\int P(x)dx}dx+C\right]e^{-\int P(x)dx}$
}
}

二阶微分方程
{

特殊
{
1. $y''=f(x)\to$ 降阶直接积分

2. $y''=f(x,y')\xrightarrow{\text{令}y'=p(x),y''=p'(x)}p'(x)=f(x,p(x))$

3. $y''=f(y,y')\xrightarrow{\text{令}y'=p(y),y''=p'(y)}p'(y)=f(y,p(y))$
}

常系数线性齐次：$y''+ay'+by=0$，特征根法求解
{
1. 特征方程 $\lambda^2+a\lambda+b=0$，求解特征值 λ_1,λ_2

2. 当
{
$\lambda_1\neq\lambda_2$，通解 $y=C_1e^{\lambda_1 x}+C_2e^{\lambda_2 x}$

$\lambda_1=\lambda_2$，通解 $y=(C_1+C_2x)e^{\lambda x}$

$\lambda_{1,2}=\alpha\pm i\beta$，通解 $y=e^{\alpha x}(C_1\cos\beta x+C_2\sin\beta x)$
}
}

常系数线性非齐次：$y''+ay'+by=f(x)$，通解：$y=y_c+\bar{y}$
{
1. y_c：对应齐次方程的通解

2. $\bar{y}$：特解，待定系数法：
令 $\bar{y}=f(x)$
{
多项式

指数函数

三角函数
}

令 $\bar{y}$ 为与 $f(x)$ 相同形式的待定系数函数
}
}

二、学习重难点

1. 了解微分方程的阶、通解与特解等概念.

2. 掌握可分离变量方程、齐次方程和一阶线性微分方程的解法.

3. 掌握二阶常系数线性微分方程的解法.

三、典型例题解析

【例9.1】 求微分方程 $y' = xy + x + y + 1$ 的通解.

解 分离变量得

$$\frac{\mathrm{d}y}{y+1} = (x+1)\mathrm{d}x$$

两边积分,得

$$\int \frac{\mathrm{d}y}{y+1} = \int (x+1)\mathrm{d}x$$

即

$$\ln|y+1| = \frac{1}{2}(x+1)^2 + c_1$$

从而

$$y+1 = \pm e^{c_1} \cdot e^{\frac{1}{2}(x+1)^2} = Ce^{\frac{1}{2}(x+1)^2}$$

得通解

$$y = Ce^{\frac{1}{2}(x+1)^2} - 1(C \text{ 为任意常数})$$

【例9.2】 求微分方程 $(xy^2 + x)\mathrm{d}x + (x^2y - y)\mathrm{d}y = 0$ 当 $x=0, y=1$ 时的特解.

解 分离变量得

$$\frac{x}{x^2-1}\mathrm{d}x + \frac{y}{y^2+1}\mathrm{d}y = 0$$

积分得

$$\int \frac{x}{x^2-1}\mathrm{d}x + \int \frac{y}{y^2+1}\mathrm{d}y = C_1$$

从而

$$\frac{1}{2}\ln|x^2-1| + \frac{1}{2}\ln|y^2+1| = C_1, \ln|x^2-1|(y^2+1) = 2C_1$$

即

$$(x^2-1)(y^2+1) = \pm e^{2C_1} = C$$

令 $x=0, y=1$,则 $C=-2$,故所求特解为

$$(x^2-1)(y^2+1) = -2$$

【例9.3】 求微分方程 $(3x^2 + 2xy - y^2)\mathrm{d}x + (x^2 - 2xy)\mathrm{d}y = 0$ 的通解.

解 将微分方程 $(3x^2 + 2xy - y^2)\mathrm{d}x + (x^2 - 2xy)\mathrm{d}y = 0$ 进行恒等变形,化为

$$\frac{\mathrm{d}y}{\mathrm{d}x} = \frac{y^2 - 2xy - 3x^2}{x^2 - 2xy} = \frac{\left(\frac{y}{x}\right)^2 - 2\frac{y}{x} - 3}{1 - 2\frac{y}{x}}$$

此为齐次方程,令 $u = \frac{y}{x}$,则

$$y = xu, \frac{\mathrm{d}y}{\mathrm{d}x} = u + x\frac{\mathrm{d}u}{\mathrm{d}x}$$

代入方程化简,得

$$x \frac{\mathrm{d}u}{\mathrm{d}x} = -\frac{3(u^2 - u - 1)}{2u - 1}$$

分离变量得

$$\frac{2u - 1}{u^2 - u - 1} \mathrm{d}u = -\frac{3}{x} \mathrm{d}x$$

两端积分得

$$\ln|u^2 - u - 1| = -3\ln|x| + \ln|C|$$

即

$$u^2 - u - 1 = Cx^{-3}$$

代入 $u = \dfrac{y}{x}$,得原方程的通解为

$$xy^2 - x^2 y - x^3 = C$$

【例 9.4】 求初值问题 $\begin{cases} (y + \sqrt{x^2 + y^2})\mathrm{d}x - x\mathrm{d}y = 0 & (x > 0) \\ y\big|_{x=1} = 0 \end{cases}$ 的解.

解 因为 $(y + \sqrt{x^2 + y^2})\mathrm{d}x - x\mathrm{d}y = 0 \quad x > 0$

故

$$\frac{\mathrm{d}y}{\mathrm{d}x} = \frac{y + \sqrt{x^2 + y^2}}{x} = \frac{y}{x} + \sqrt{1 + \left(\frac{y}{x}\right)^2}$$

故此方程为齐次方程,其解法是固定的.

令

$$u = \frac{y}{x}, y = xu, \frac{\mathrm{d}y}{\mathrm{d}x} = u + x \frac{\mathrm{d}u}{\mathrm{d}x}$$

故

$$u + x \frac{\mathrm{d}u}{\mathrm{d}x} = u + \sqrt{1 + u^2}$$

分离变量得

$$\frac{\mathrm{d}u}{\sqrt{1 + u^2}} = \frac{\mathrm{d}x}{x}$$

积分得

$$\ln(u + \sqrt{1 + u^2}) = \ln x + C_1$$

从而

$$u + \sqrt{1 + u^2} = \mathrm{e}^{\ln x + C_1} = \mathrm{e}^{C_1} \cdot x = Cx$$

代入 $u = \dfrac{y}{x}$,得

$$\frac{y}{x} + \sqrt{1 + \frac{y^2}{x^2}} = Cx$$

即

$$y + \sqrt{x^2 + y^2} = Cx^2$$

由已知 $y\big|_{x=1}=0$,代入得 $C=1$,故初值问题的解为

$$y+\sqrt{x^2+y^2}=x^2$$

即

$$y=\frac{1}{2}(x^2-1)$$

【例 9.5】 求微分方程 $xy'+2y=x\ln x$ 满足 $y(1)=-\dfrac{1}{9}$ 的解.

解 原方程等价为

$$y'+\frac{2}{x}y=\ln x$$

从而通解为

$$y=\mathrm{e}^{-\int\frac{2}{x}\mathrm{d}x}\left(\int\ln x\cdot\mathrm{e}^{\int\frac{2}{x}\mathrm{d}x}\mathrm{d}x+C\right)$$

$$=\frac{1}{x^2}\cdot\left(\int x^2\ln x\mathrm{d}x+C\right)$$

$$=\frac{1}{3}x\ln x-\frac{1}{9}x+C\frac{1}{x^2}$$

由 $y(1)=-\dfrac{1}{9}$,得 $C=0$,故所求解为

$$y=\frac{1}{3}x\ln x-\frac{1}{9}x$$

注:本题虽属基本题型,但在用相关公式时应注意先化为标准型. 另外,本题也可如下求解:原方程可化为

$$x^2y'+2xy=x^2\ln x$$

即

$$(x^2y)'=x^2\ln x$$

两边积分得

$$x^2y=\int x^2\ln x\mathrm{d}x=\frac{1}{3}x^3\ln x-\frac{1}{9}x^3+C$$

再代入初始条件即可得所求解为

$$y=\frac{1}{3}x\ln x-\frac{1}{9}x$$

【例 9.6】 设 $y=\mathrm{e}^x$ 是微分方程 $xy'+p(x)y=x$ 的一个解,求此微分方程满足条件 $y\big|_{x=\ln 2}=0$ 的特解.

解 先求 $p(x)$,因为 $y=\mathrm{e}^x$ 是方程 $xy'+p(x)y=x$ 的解,故代入方程得

$$x\cdot(\mathrm{e}^x)'+p(x)\mathrm{e}^x=x$$

解得

$$p(x)=x\mathrm{e}^{-x}-x$$

代入原方程得

$$y'+(\mathrm{e}^{-x}-1)y=1$$

这是一阶线性非齐次微分方程,而 $y'+p(x)y=Q(x)$ 的通解公式为

$$y=\mathrm{e}^{-\int p(x)\mathrm{d}x}\left(\int Q(x)\mathrm{e}^{\int p(x)\mathrm{d}x}\mathrm{d}x+C\right)$$

对应得

$$P(x) = e^{-x} - 1, Q(x) = 1$$

所以

$$y = e^{-\int (e^{-x}-1)dx} \left[\int 1 \cdot e^{\int (e^{-x}-1)dx} dx + C \right] = e^{(x+e^{-x})} \left[\int e^{(-x-e^{-x})} dx + C \right]$$

$$= e^{(x+e^{-x})} \left[\int e^{-e^{-x}} d(-e^{-x}) + C \right] = e^{(x+e^{-x})} (e^{-e^{-x}} + C) = e^x + Ce^{(x+e^{-x})}$$

又由 $y|_{x=\ln 2} = 0$，得 $C = -e^{-\frac{1}{2}}$，故特解为

$$y = e^x - e^{(x+e^{-x}-\frac{1}{2})}$$

【例 9.7】 设 $f(x)$ 是可微函数且对任何 x, y 恒有 $f(x+y) = e^y f(x) + e^x f(y)$，又 $f'(0) = 2$，求 $f(x)$ 所满足的一阶微分方程，并求 $f(x)$.

解 方程两边对 y 求偏导数，有

$$f'(x+y) = e^y f(x) + e^x f'(y)$$

令 $y = 0$，得

$$f'(x) = f(x) + e^x f'(0)$$

于是求 $f(x)$，归结为求解下列初值问题：

$$\begin{cases} f'(x) - f(x) = 2e^x \\ f'(0) = 2, f(0) = 0 \end{cases}$$

解得

$$f(x) = e^{\int dx} \left[C + \int 2e^x e^{-\int dx} dx \right] = Ce^x + 2xe^x$$

由 $f(0) = 0$，得 $C = 0$，故

$$f(x) = 2xe^x$$

【例 9.8】 已知曲线 $y = f(x)$ 过点 $\left(0, -\frac{1}{2} \right)$，且其上任一点 (x, y) 处的切线斜率为 $x \ln(1+x^2)$，求 $f(x)$.

解 由题意知 $y = f(x)$ 满足

$$\frac{dy}{dx} = x \ln(1+x^2), y|_{x=0} = -\frac{1}{2}$$

积分得

$$y = \int x \ln(1+x^2) dx = \frac{1}{2} \int \ln(1+x^2) d(x^2)$$

$$= \frac{1}{2} (1+x^2) \ln(1+x^2) - \frac{1}{2} x^2 + C$$

将 $x = 0, y = -\frac{1}{2}$ 代入上式，得 $C = -\frac{1}{2}$，则

$$f(x) = \frac{1}{2} (1+x^2) \left[\ln(1+x^2) - 1 \right]$$

【例 9.9】 一个半球体状的雪堆，其体积融化的速率与半球面面积 S 成正比，比例常数 $k > 0$. 假设在融化过程中雪堆始终保持半球体状，已知半径为 r_0 的雪堆在开始融化的 3 小时内，融化了其体积的 $\frac{7}{8}$，问雪堆全部融化需要多少小时？

解　半径为 r 的球体体积为 $\frac{4}{3}\pi r^3$，表面积为 $4\pi r^2$，而雪堆为半球体状，故设雪堆在 t 时

刻的底面半径为 r，于是雪堆在 t 时刻的体积 $V = \frac{2}{3}\pi r^3$，侧面积 $S = 2\pi r^2$。其中，体积 V、半径 r

与侧面积 S 均为时间 t 的函数。

由题意，有

$$\frac{\mathrm{d}V}{\mathrm{d}t} = -kS$$

所以

$$\frac{2}{3}\pi \cdot 3r^2 \frac{\mathrm{d}r}{\mathrm{d}t} = -k \cdot 2\pi r^2$$

即

$$\frac{\mathrm{d}r}{\mathrm{d}t} = -k, \mathrm{d}r = -k\mathrm{d}t, \int \mathrm{d}r = -k\int \mathrm{d}t$$

从而

$$r = -kt + C$$

又因为 $t = 0$ 时，$r\big|_{t=0} = r_0$，故 $r_0 = C$，即

$$r = -kt + r_0$$

而

$$V\big|_{t=3} = \frac{1}{8}V\big|_{t=0}$$

即

$$\frac{2}{3}\pi(-3k + r_0)^3 = \frac{1}{8} \cdot \frac{2}{3}\pi r_0^3$$

故

$$k = \frac{1}{6}r_0, r = -\frac{1}{6}r_0 t + r_0$$

当雪堆全部融化时，$r = 0$，$V = 0$，故

$$令 \ 0 = -\frac{1}{6}r_0 t + r_0，得 \ t = 6(小时).$$

四、本章自测题

一、填空题

1. 方程 $(y'')^2 + \sin y' = 2x$ 的阶数为_____，其通解中相互独立的任意常数的个数为_____个。

2. 设某个微分方程的通解为 $y = (C_1 + C_2 x)e^{2x}$，其中 C_1, C_2 为任意常数，则此方程满足 $y\big|_{x=0} = 0, y'\big|_{x=0} = 1$ 的特解为_____。

3. 设 $y = y(x, C_1, C_2, \cdots, C_n)$ 是微分方程 $y'' + 2y' + y + 1 = \sin x$ 的通解，则 $n = $_____。

4. 微分方程 $xy' = 4y$ 的通解为_____。

5. 微分方程 $\frac{\mathrm{d}y}{\mathrm{d}x} = y + 1$ 满足初始条件 $y\big|_{x=0} = 0$ 的特解为_____。

6. 微分方程 $(1 + y^2) x \mathrm{d}x + (1 + x^2) y \mathrm{d}y = 0$ 的通解为_____.

7. 微分方程 $y' = 1 - y$ 的通解为_____.

*8. 微分方程 $y' + y'' = 0$ 的通解为_____.

9. 方程 $xy' - y \ln y = 0$ 的通解为_____.

10. 若 $f(x) = 1 + 2\int_0^x f(t) \mathrm{d}t$,则 $f(x) = $ _____.

11. 方程 $xy' = y \ln \dfrac{y}{x}$ 的通解为_____.

*12. 设 $y^*(x)$ 是非齐次微分方程 $y' + P(x)y = Q(x)$ 的一个特解,$Y(x)$ 是该方程对应齐次线性微分方程 $y' + P(x)y = 0$ 的通解,则该非齐次微分方程的通解为_____.

*13. 设 $y^*(x) = \mathrm{e}^x$ 是方程 $xy' + p(x)y = x$ 的一个特解,则 $p(x) = $ _____,该一阶非齐次线性微分方程的通解为_____.

*14. 设 $y_1(x)$,$y_2(x)$ 是方程 $y'' + p(x)y' + q(x)y = 0$ 的两个线性无关的特解,则该方程的通解为_____.

*15. 设 $y^*(x)$ 是方程 $y'' + p(x)y' + q(x)y = f(x)$ 的一个特解,$Y(x)$ 是该方程对应的齐次线性微分方程 $y'' + p(x)y' + q(x)y = 0$ 的通解,则该非齐次线性方程的通解为_____.

二、单项选择题

1. 已知 $y = \dfrac{x}{\ln x}$ 是微分方程 $y' = \dfrac{y}{x} + \varphi\left(\dfrac{x}{y}\right)$ 的解,则 $\varphi\left(\dfrac{x}{y}\right)$ 的表达式为(   ).

A. $-\dfrac{y^2}{x^2}$ B. $\dfrac{y^2}{x^2}$ C. $-\dfrac{x^2}{y^2}$ D. $\dfrac{x^2}{y^2}$

2. 下列方程中(   )为关于 y,$\dfrac{\mathrm{d}y}{\mathrm{d}x}$ 的线性微分方程.

A. $(x + y)\mathrm{d}y - y\mathrm{d}x = 0$ B. $xy' + \dfrac{2y}{x} = x \cos x$

C. $y' + 2xy + x^2 y^2 = 0$ D. $y'' + 2(y')^2 = 5y$

3. 方程 $y'' = \mathrm{e}^{-x}$ 的通解为(   ).

A. $-\mathrm{e}^x$ B. e^{-x} C. $\mathrm{e}^{-x} + C_1 x + C_2$ D. $-\mathrm{e}^{-x} + C_1 x + C_2$

4. 微分方程 $y'' - 5y' + 6y = x\mathrm{e}^{-2x}$ 的特解形式是(   ).

A. $a\mathrm{e}^{2x} + bx + C$ B. $(ax + b)\mathrm{e}^{2x}$ C. $x^2(ax + b)\mathrm{e}^{2x}$ D. $x(ax + b)\mathrm{e}^{2x}$

5. y^* 是微分方程 $y'' + p(x)y' + q(x)y = f(x)$ 的一个特解,y_1,y_2 是它对应的齐次线性方程的两个解,则当(   )时,$C_1 y_1 + C_2 y_2 + y^*$ 是微分方程的通解.

A. y_1,y_2 线性无关   B. y_1,y_2 线性相关

C. $y_1 \ne y_2$ D. $p(x)$,$q(x)$ 均为常数

6. 若连续函数 $f(x)$ 满足关系式 $f(x) = \int_0^{2x} f\left(\dfrac{t}{2}\right)\mathrm{d}t + \ln 2$,则 $f(x) = $(   ).

A. $\mathrm{e}^x \ln 2$ B. $\mathrm{e}^{2x} \ln 2$ C. $\mathrm{e}^x + \ln 2$ D. $\mathrm{e}^{2x} + \ln 2$

7. 设 $y = f(x)$ 是方程 $y'' - 2y' + 4y = 0$ 的一个解,若 $f(x_0) > 0$,且 $f'(x_0) = 0$,则函数 $f(x)$ 在 x_0 处(   ).

A. 取得极大值   B. 取得极小值   C. 无极值   D. 无法判定

8. 设二阶线性非齐次方程 $y'' + p(x)y' + q(x)y = f(x)$ 有 3 个特解,$y_1 = x$,$y_2 = \mathrm{e}^x$,

$y_3 = e^{2x}$,则其通解为(　　　).

  A. $y = x + C_1 e^x + C_2 e^{2x}$ B. $y = C_1 x + C_2 e^x + C_3 e^{2x}$

  C. $y = x + C_1(e^x - e^{2x}) + C_2(x - e^x)$ D. $y = C_1(e^x - e^{2x}) + C_2(e^{2x} - x)$

三、计算题

1. 求微分方程 $(xy^2 + x)dx - (y - x^2 y)dy = 0$ 的通解.

2. 求微分方程 $y' = \dfrac{y}{x} + \tan\dfrac{y}{x}$,满足 $y\big|_{x=1} = \dfrac{\pi}{6}$ 的特解.

3. 求微分方程 $(x+1)y' - ny = (1+x)^{n+1}\sin x$ 的通解.

4. 求微分方程 $(1+y)dx - (x + y^2 + y^3)dy = 0$ 的通解.

5. 求微分方程 $y'' + 4y' + 3 = 0$ 的通解.

6. 求满足微分方程 $y'' - 2y' - e^{2x} = 0$;$y(0) = 1$,$y'(0) = 1$ 的特解.

7. 求微分方程 $y'' + y = 2\sin x$ 的通解.

8. 设可微函数 $f(x)$ 满足关系式 $f(x) - 1 = \displaystyle\int_0^x [2f(t) - 1]dt$,求 $f(x)$.

四、应用题

1. 已知某商品的需求量 Q 对价格 p 的弹性 $E = -3p^3$,市场对商品的最大需求量为 10 万件,求需求函数.

2. 设某林场现有木材 15 万 m^3,且木材的蓄积量对时间(以年为单位)的变化率与当时的蓄积量成正比,假设经 10 年后该林场的蓄积量为 30 万 m^3,求林场的蓄积量 y 与时间 t 的关系.

3. 设 $y = y(x)$ 满足方程 $y'' - 3y' + 2y = 0$,且其图形在点 $(0,1)$ 与曲线 $y = x^2 - x + 1$ 相切,求函数 $y(x)$.

五、本章自测题题解

一、填空题

1. 2;2   2. $y = xe^{2x}$ 3. 2   4. $y = Cx^4$ 5. $y = e^x - 1$ 6. $1 + y^2 = \dfrac{C}{1 + x^2}$

7. $y = 1 - \dfrac{1}{Ce^x}$ 8. $y(x) = C_1 + C_2 e^{-x}$ 9. $y = e^{Cx}$ 10. e^{2x} 11. $y = exe^{Cx}$

12. $y = y^*(x) + Y(x)$ 13. $y = xe^{-x} - x$;$y = e^{e^{-x}+x}(e^{-e^{-x}} + C)$

14. $y = C_1 y_1(x) + C_2 y_2(x)$ 15. $y = y^*(x) + Y(x)$

二、单项选择题

1. A   2. B   3. C   4. D   5. A   6. B   7. A   8. C

三、计算题

1. 解:原式化为

$$\frac{y}{1 + y^2}dy = \frac{x dx}{1 - x^2}$$

两边积分得

$$\frac{1}{2}\ln(1 + y^2) = -\frac{1}{2}\ln(1 - x^2) + \frac{1}{2}\ln C$$

故 $(1+y^2)(1-x^2) = C$ 为原方程通解，其中，C 为任意常数.

2. 解:令

$$u = \frac{y}{x}, y = ux, y' = u + x\frac{du}{dx}$$

得

$$u + x\frac{du}{dx} = u + \tan u \Rightarrow \frac{du}{\tan u} = \frac{dx}{x}$$

积分得

$$\ln \sin u = \ln x + \ln C$$

故

$$\sin u = Cx$$

将 $u = \frac{y}{x}$ 代入,得方程通解为

$$\sin \frac{y}{x} = Cx$$

代入初始条件:$y\mid_{x=1} = \frac{\pi}{6}$ 得

$$C = \frac{1}{2}$$

故所求解为

$$\sin \frac{y}{x} = \frac{1}{2}x$$

3. 解:将原方程标准化为

$$y' - \frac{n}{x+1}y = (1+x)^n \sin x$$

其中

$$P(x) = -\frac{n}{x+1}, Q(x) = (1+x)^n \sin x, \int p(x)dx = -n\ln(1+x)$$

代入通解方程,得

$$y = \left[\int (1+x)^n \cdot \sin x e^{-n\ln(1+x)}dx + C\right] \cdot e^{n\ln(1+x)} = (C - \cos x)(1+x)^n$$

4. 解:原式化为

$$\frac{dx}{dy} - \frac{1}{1+y}x = y^2$$

以 x 为函数,y 为自变量的一阶线性非齐次微分方程,其中

$$P(y) = -\frac{1}{1+y}, Q(y) = y^2$$

代入通解公式,则有

$$x = \left(\int y^2 e^{-\int \frac{1}{1+y}dy}dy + C\right)e^{\int \frac{1}{1+y}dy}$$

$$= \left[\frac{1}{2}y^2 - y + \ln(1+y) + C\right](1+y)$$

为所求通解. 其中,C 为任意常数.

5. 解:原方程的特征方程为
$$\lambda^2 + 4\lambda + 3 = 0$$
特征根为
$$\lambda_1 = -3, \lambda_2 = -1$$
所以原方程通解为
$$y(x) = C_1 e^{-3x} + C_2 e^{-x}$$

6. 解:原方程对应齐次方程为
$$\lambda^2 - 2\lambda = 0$$
特征根为
$$\lambda_1 = 0, \lambda_2 = 2$$
对应齐次方程通解为
$$\tilde{y}(x) = C_1 + C_2 e^{2x}$$
因为 $f(x) = e^{2x}$，$\lambda = 2$ 为特征单根,故设特解为
$$y^*(x) = Ax e^{2x}$$
代入原方程,可得
$$A = \frac{1}{2}, y^*(x) = \frac{1}{2}x e^{2x}$$
原方程通解为
$$y(x) = C_1 + C_2 e^{2x} + \frac{1}{2}x e^{2x}$$
将 $y(0) = 1, y'(0) = 1$ 代入通解得
$$C_1 = \frac{3}{4}, C_2 = \frac{1}{4}$$
故所求特解为
$$y = \frac{3}{4} + \frac{1}{4}(1 + 2x) e^{2x}$$

7. 解:原方程对应齐次方程为
$$\lambda^2 + 1 = 0$$
特征根为
$$\lambda_1 = i, \lambda_2 = -i$$
对应齐次方程通解为
$$\tilde{y}(x) = C_1 \cos x + C_2 \sin x$$
因为 $f(x) = 2\sin x$，$\lambda_1 = i, \lambda_2 = -i$ 为特征单根,故设特解为
$$y^*(x) = x(A\cos x + B\sin x)$$
代入原方程得
$$A = -1, B = 0$$
故所求特解为
$$y^*(x) = -x\cos x$$
原方程通解为
$$y(x) = C_1 \cos x + C_2 \sin x - x\cos x$$

其中,C_1,C_2 为任意常数.

8.解:$f(0)=1,f'(x)=2f(x)-1$

即

$$f'(x)-2f(x)=-1$$

故

$$f(x)=e^{\int 2dx}\left(\int -e^{\int -2dx}dx+C\right)=e^{2x}\left(\int -e^{-2x}dx+C\right)=\frac{1}{2}+Ce^{2x}$$

由 $f(0)=1$ 得 $C=\frac{1}{2}$,故

$$f(x)=\frac{1}{2}(1+e^{2x})$$

四、应用题

1.解:$E=\frac{p}{Q}\frac{dQ}{dp}=-3p^3$,

分离变量,积分可得通解为

$$\ln Q=C_1-p^3$$

即

$$Q=Ce^{-p^3}$$

而最大需求量即价格 $p=0$ 时,为对应需求量,故 $C=0$,所求需求函数为

$$Q=10e^{-p^3}$$

2.解:$\frac{dy}{dt}=ky$,且 $y(0)=15,y(10)=30$,分离变量,积分可得通解为

$$y=Ce^{kt}$$

代入 $y(0)=15,y(10)=30$,得

$$C=15,k=\frac{\ln 2}{10}$$

林场木材蓄积量与时间关系为

$$y=15\cdot e^{\frac{\ln 2}{10}t}=15\cdot 2^{\frac{t}{10}}$$

3.解:由已知条件可知,$y=y(x)$ 满足

$$y(0)=1,y'(0)=(2x-1)|_{x=0}=-1$$

由特征方程

$$\lambda^2-3\lambda+2=0,\lambda_1=1,\lambda_2=2$$

所对应齐次方程通解为

$$\tilde{y}(x)=C_1e^x+C_2e^{2x}$$

因为 $f(x)=2e^x$,设特解为

$$y^*(x)=Axe^x$$

代入原方程得 $A=-2$,故特解为

$$y^*=-2xe^x$$

通解为

$$y(x)=C_1e^x+C_2e^{2x}-2xe^x$$

代入初始条件得

$$C_1 = 1, C_2 = 0$$

故所求函数为

$$y(x) = (1 - 2x)e^x$$

六、本章 B 组习题详解

一、填空题

1. $y' = \dfrac{y}{x}$ 的通解为_____.

解：由 $y' = \dfrac{y}{x}$ 得

$$\frac{dy}{dx} = \frac{y}{x}$$

分离变量得

$$\frac{1}{y}dy = \frac{1}{x}dx$$

两端同时积分,得

$$\ln y = \ln x + \ln C$$

则通解为

$$y = Cx(C \text{ 为任意常数})$$

2. 函数 $y = e^{x^2}$ 应满足的微分方程为_____.

解：因为

$$y' = e^{x^2} \cdot 2x$$

故函数 $y = e^{x^2}$ 应满足的微分方程为

$$y' = 2xy$$

3. $y' = 4e^x - 3y$ 的通解为_____.

解：移项得

$$y' + 3y = 4e^x$$

该方程为一阶非齐次线性微分方程.

记

$$P(x) = 3, Q(x) = 4e^x$$

故通解为

$$y = e^{-\int P(x)dx}\left[\int Q(x)\,e^{\int P(x)dx}dx + C\right]$$
$$= e^{-\int 3dx}\left(\int 4e^x \cdot e^{\int 3dx}dx + C\right)$$
$$= e^{-3x}\left(\int 4e^x \cdot e^{3x}dx + C\right)$$
$$= e^{-3x}\left[\int e^{4x}\,d(4x) + C\right]$$
$$= e^{-3x}(e^{4x} + C)$$
$$= e^x + Ce^{-3x}$$

其中,C 为任意常数.

4. 已知 $f(x)$ 是微分方程 $y' + p(x)y = q(x)$ 的一个特解,则该方程的通解为_____.

解:该方程为一阶非齐次线性微分方程,而其对应的齐次线性微分方程 $y' + p(x)y = 0$ 的通解为

$$y = Ce^{-\int p(x)\,dx}$$

又 $f(x)$ 是微分方程 $y' + p(x)y = q(x)$ 的一个特解,故所求微分方程的通解为

$$y = f(x) + Ce^{-\int p(x)\,dx}$$

其中,C 为任意常数.

5. 求方程 $(x+1)\dfrac{dy}{dx} - 2y = (x+1)^4$ 满足 $y(0) = \dfrac{1}{2}$ 的特解为_____.

解:对方程作恒等变形得

$$y' - \frac{2}{x+1}y = (x+1)^3$$

该方程为一阶非齐次线性微分方程.

记

$$P(x) = -\frac{2}{x+1}, Q(x) = (x+1)^3$$

故通解为

$$
\begin{aligned}
y &= e^{-\int P(x)\,dx}\left[\int Q(x)\,e^{\int P(x)\,dx}\,dx + C\right] \\
&= e^{-\int -\frac{2}{x+1}dx}\left[\int (x+1)^3 \cdot e^{\int -\frac{2}{x+1}dx}\,dx + C\right] \\
&= e^{2\ln(x+1)}\left[\int (x+1)^3 \cdot e^{-2\ln(x+1)}\,dx + C\right] \\
&= (x+1)^2\left[\int (x+1)^3 \cdot (x+1)^{-2}\,dx + C\right] \\
&= (x+1)^2\left[\int (x+1)\,dx + C\right] \\
&= (x+1)^2\left(\frac{1}{2}x^2 + x + C\right)
\end{aligned}
$$

将 $y(0) = \dfrac{1}{2}$ 代入,得 $C = \dfrac{1}{2}$,故特解为

$$y = (x+1)^2\left(\frac{1}{2}x^2 + x + \frac{1}{2}\right) = (x+1)^2 \cdot \frac{(x+1)^2}{2} = \frac{(x+1)^4}{2}$$

6. 微分方程 $(xy' - y)\cos^2\left(\dfrac{y}{x}\right) + x = 0$ 的通解为_____.

解:对方程作恒等变形得

$$\left(y' - \frac{y}{x}\right)\cos^2\left(\frac{y}{x}\right) + 1 = 0$$

该方程为齐次微分方程.

令 $\dfrac{y}{x} = u$,则

$$y = xu, y' = u + x\frac{\mathrm{d}u}{\mathrm{d}x}$$

代入方程得

$$\left(u + x\frac{\mathrm{d}u}{\mathrm{d}x} - u\right)\cos^2 u + 1 = 0$$

故

$$x\cos^2 u\frac{\mathrm{d}u}{\mathrm{d}x} = -1$$

分离变量得

$$\cos^2 u\mathrm{d}u = \frac{-1}{x}\mathrm{d}x$$

两端同时积分,得

$$\int\cos^2 u\mathrm{d}u = \int\frac{-1}{x}\mathrm{d}x$$

$$\Rightarrow \frac{1}{2}\int(1 + \cos 2u)\mathrm{d}u = -\ln|x| + \frac{1}{2}C$$

$$\Rightarrow \frac{1}{2}\left(u + \frac{1}{2}\sin 2u\right) = -\ln|x| + \frac{1}{2}C$$

$$\Rightarrow u + \sin u\cos u = -2\ln|x| + C$$

$$\Rightarrow 通解为 \frac{y}{x} + \sin\frac{y}{x}\cdot\cos\frac{y}{x} + 2\ln|x| = C$$

其中,C 为任意常数.

7. 差分方程 $y_{t+1} - 8y_t = 0$ 满足初始条件 $y_0 = 8$ 的特解为_____.

解:由原方程移项得

$$y_{t+1} = 8y_t$$

该方程为一阶齐次差分方程.

因此,通解为

$$y_t = C8^t \qquad t = 0,1,2,\cdots$$

又 $y_0 = C = 8$,故满足 $y_0 = 8$ 的特解为

$$y_t = 8^{t+1} \qquad t = 0,1,2,\cdots$$

8. 差分方程 $y_{t+1} + 3y_t = 3^t\cos\pi t$ 的通解为_____.

解:原方程对应的齐次方程为

$$y_{t+1} + 3y_t = 0$$

此方程的通解为

$$y_t = C(-3)^t \qquad t = 0,1,2,\cdots$$

不妨假设原方程的特解为

$$y^*(t) = (A_1\cos\pi t + A_2\sin\pi t)3^t\cdot t$$

代入原方程,得

$$(t+1)(-A_1\cos\pi t - A_2\sin\pi t)3^{t+1} + 3t(A_1\cos\pi t + A_2\sin\pi t)3^t = 3^t\cos\pi t$$

$$\Rightarrow -3A_1\cos\pi t - 3A_2\sin\pi t = \cos\pi t$$

$$\Rightarrow A_1 = -\frac{1}{3}, A_2 = 0$$

因此,原方程的通解为
$$y_t = C(-3)^t - t \cdot 3^{t-1} \cos \pi t \qquad t = 0,1,2,\cdots$$
其中,C 为任意常数.

二、单项选择题

1. 下列微分方程中属于可分离变量的方程是(   ).

A. $x \sin(xy)\mathrm{d}x + y\mathrm{d}y = 0$ B. $y' = \ln(x+y)$

C. $y' + \dfrac{y}{x} = \mathrm{e}^x y^2$ D. $\dfrac{\mathrm{d}y}{\mathrm{d}x} = x\mathrm{e}^{x+y^2}$

解:能将一阶微分方程写为
$$g(y)\mathrm{d}y = f(x)\mathrm{d}x$$
的形式,称为可分离变量的方程.

对于选项 D,方程可化为
$$\frac{\mathrm{d}y}{\mathrm{d}x} = x \cdot \mathrm{e}^x \cdot \mathrm{e}^{y^2}$$
即
$$\mathrm{e}^{-y^2}\mathrm{d}y = x \cdot \mathrm{e}^x \mathrm{d}x$$
而其他选项均不能变形成该形式.

故选 D.

2. 下列微分方程中,为一阶线性微分方程的是(   ).

A. $xy' + y^2 = x$ B. $y' + xy = \sin x$

C. $yy' = x$ D. $(y')^2 = xy$

解:根据定义,形如
$$y' + P(x)y = Q(x)$$
的方程,称为一阶线性微分方程.

故选 B.

3. 微分方程 $xy' + y = 3$ 的通解是(   ).

A. $y = \dfrac{C}{x} + 3$ B. $y = \dfrac{3}{x} + C$

C. $y = -\dfrac{3+C}{x}$ D. $y = \dfrac{C}{x} - 3$

解:对方程作恒等变形得
$$y' + \frac{1}{x} \cdot y = \frac{3}{x}$$
该方程为一阶非齐次线性微分方程.

记
$$P(x) = \frac{1}{x}, Q(x) = \frac{3}{x}$$
故通解为
$$y = \mathrm{e}^{-\int P(x)\mathrm{d}x}\left[\int Q(x) \, \mathrm{e}^{\int P(x)\mathrm{d}x}\mathrm{d}x + C\right]$$
$$= \mathrm{e}^{-\int \frac{1}{x}\mathrm{d}x}\left(\int \frac{3}{x} \cdot \mathrm{e}^{\int \frac{1}{x}\mathrm{d}x}\mathrm{d}x + C\right)$$

$$= e^{-\ln x} \left(\int \frac{3}{x} \cdot e^{\ln x} dx + C \right)$$

$$= \frac{1}{x} \left(\int \frac{3}{x} \cdot x dx + C \right)$$

$$= \frac{1}{x} (3x + C) = 3 + \frac{C}{x}$$

其中, C 为任意常数.

故选 A.

4. 方程 $y'' - 2y' + y = 12x e^x$ 满足 $y(0) = y'(0) = 1$ 的特解是(　　).

A. $y = (1 + 2x^4) e^x$　　　　　　　B. $y = (1 + \frac{1}{2} x^4) e^x$

C. $y = (1 + 2x^3) e^x$　　　　　　　D. $y = (1 + \frac{1}{2} x^3) e^x$

解:原方程对应的齐次方程为

$$y'' - 2y' + y = 0$$

特征方程为

$$\lambda^2 - 2\lambda + 1 = 0$$

$$\Rightarrow \lambda_1 = \lambda_2 = 1 (二重根)$$

因此,对应的齐次方程的通解为

$$Y(x) = (C_1 + C_2 x) e^x$$

因为 $\mu = 1$ 是特征方程 $\lambda^2 - 2\lambda + 1 = 0$ 的二重根,故设特解形式为

$$y^*(x) = x^2 (Ax + B) e^x = (Ax^3 + Bx^2) e^x$$

则

$$[y^*(x)]' = (3Ax^2 + 2Bx) e^x + (Ax^3 + Bx^2) e^x = [Ax^3 + (3A + B) x^2 + 2Bx] e^x$$

$$[y^*(x)]'' = [3Ax^2 + 2(3A + B) x + 2B] e^x + [Ax^3 + (3A + B) x^2 + 2Bx] e^x = [Ax^3 + (6A + B) x^2 + (6A + 4B) x + 2B] e^x$$

代入原方程得

$$[Ax^3 + (6A + B) x^2 + (6A + 4B) x + 2B] e^x - 2[Ax^3 + (3A + B) x^2 + 2Bx] e^x + (Ax^3 + Bx^2) e^x = 12x e^x$$

化简得

$$6Ax + 2B = 12x$$

比较系数得

$$A = 2, B = 0$$

因此,原方程的通解为

$$y = Y(x) + y^*(x) = (C_1 + C_2 x) e^x + 2x^3 e^x = (C_1 + C_2 x + 2x^3) e^x$$

将 $y(0) = y'(0) = 1$ 代入得

$$C_1 = 1, C_2 = 0$$

因此,所求特解为

$$y = (1 + 2x^3) e^x$$

故选 C.

5. 下列差分方程中与方程 $y_{t+1} - 3y_t = 0$ 同解的是(　　).

A. $y_{t+1} - 3y_t = 1$　　　　　　　B. $y_{t+8} - 3y_{t+6} = 0$

C. $y_{t+10} - 3y_{t+9} = 0$ D. $y_{t+1} - y_t = 0$

解：由于将差分方程未知量下标 t，向前或向后移相同的时间间隔，所得的新差分方程与原方程同解.

故选 C.